水俣みずの樹

藤本寿子

海鳥社

水俣みずの樹◉目次

序

湯出川

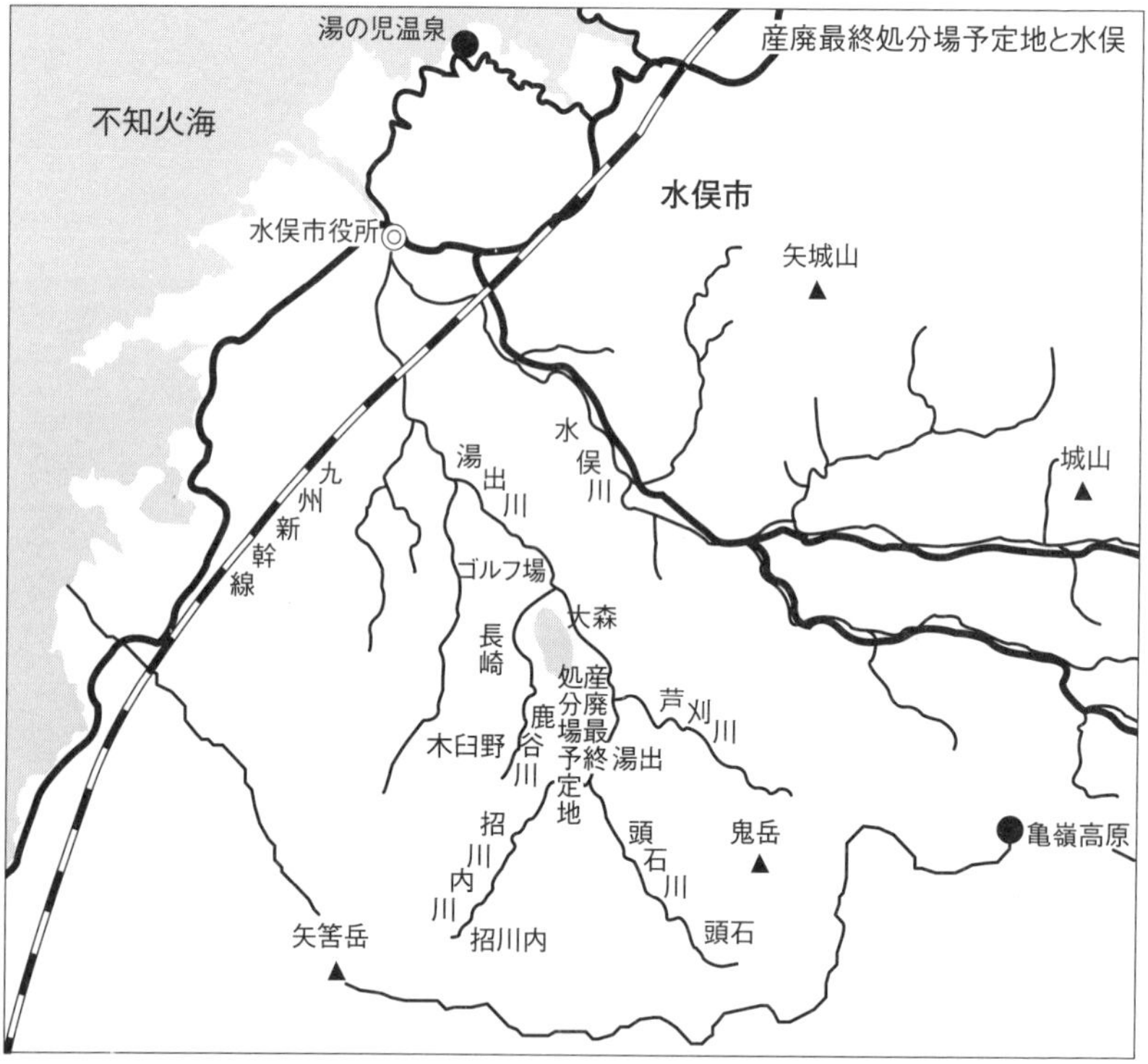
産廃最終処分場予定地と水俣
湯の児温泉
不知火海
水俣市
水俣市役所
矢城山
城山
水俣川
湯出川
九州新幹線
ゴルフ場
大森
長崎
産廃最終処分場予定地
芦刈川
鹿谷川
木臼野
湯出
招川内川
頭石川
鬼岳
亀嶺高原
矢筈岳
招川内
頭石

二〇〇四年三月、春まだ浅いある日、水俣の山間部に巨大な産業廃棄物最終処分場の建設計画があると聞いた。その概要が明らかになるにつれ、私のなかに少しずつ、染みこむように灰色の世界が拡がって行った。

雨の日、埋め立てられた百間港《ひやっけん》に目が行くと、胸が塞ぐような思いがした。既に水俣には、廃棄物処分場があった。この百間港がチッソによる水銀汚染の巨大な「産業廃棄物処分場」である。廃棄物は埋め立てられ、コンクリートで覆われ、ともかくも封じ込められた。

もう一つ記憶が蘇る。私は一人の未認定患者の死に直面していた。彼は三十六歳であった。

水俣病多発地区に生まれ、両親も兄弟も認定患者だった。小さいときから割れるように頭が痛み、手足のしびれに加え血圧も高かった。このため仕事は長続きしない。結婚するものの、うまく行かず、何度も自死未遂を繰り返していた。

そのSさんが仕事に行った先で倒れたと知らせが来た。その仕事は、埋め立てられる前の水俣湾内の汚染魚をとる仕事だった。彼のとった魚はミンチにされ、セメントに混ぜられて、また埋め立てに使われるのだ。人も魚も、汚染されたという事実さえ明らかにされず、この廃棄物処分場に生き埋めにされていくのだと思った。

既に二十年以上前の記憶である。

今はもう人々の記憶から遠のいてしまった水俣湾の汚染の様子を、チッソの労働者はこう語っていた。

「昭和十五年頃の工場の塀の外は、農道が通り、小川が流れ、ずっと田んぼだった。この小川に工場からの排水が流れ込みよった。ドス黒いのと、ドス白いのと二種類あって、それが一緒になって、なんさま気持ちの悪い色だった。ドス黒いのは、酢酸工場や、無水酢酸工場などの有機部門工場の排水。ドス白いのは、カーバイトからアセチレンを発生させた残渣《ざんさ》の上澄水。

わしは何でもイタズラして遊びよったけど、この小川だけは絶対飛んだことはなかった。

「万一、落ちたら死ぬと思とったもんなあ」

一九五八（昭和三十八）年頃の湾内はヘドロ化し、毒ガスの香りがした。これは有機物汚染の典型的なものであり、それにメチル水銀汚染が加わった状況であった。アセトアルデヒドプロセス操業から一九六八年の停止まで、水俣湾内に排出された水銀量は二五〇トン。致死量で換算すると地球の人口に及ぶという学者がいた。

それから半世紀。水俣にまた黒い影がせまっていた。


水俣市民の憩いの場である山間地「湯出《ゆで》」地区周辺一帯に、国内最大規模の安定型、管理型、それぞれ二〇〇万トンの産廃最終処分場建設計画が浮上した。

そのときの水俣市民の最初の感想は「何で、よりにもよって水俣に」の一言だった。

「何で水俣に来んばいかんとやろうか。水俣は環境モデル都市で、ゴミは二十二種類にも分別して減らしよるとに」

そんな声がため息のように拡がっていく。ことに計画地を裏山に抱えこむことになる湯出地区大森の人々にとって、寝耳に水の一大事。村の存続を揺るがす問題であった。当然、この大森地区を中心に反対運動が起こっていく。

そして湯出地区に呼応するように、市民の間からも絶対反対の声があがった。市民組織

「水俣の命と水を守る会」が発足した。通称「水の会」は、代表に地域婦人会の元会長、世話人に反対運動に熱心な市議会議員、元市職員、さらに幅広い分野で活躍する有志の人々から構成され、発足一年目にして水俣全体へ影響力を持つ団体となっていった。

「水の会」が発足した二〇〇四年の夏には、埋立地の親水護岸で、新作能「不知火」（石牟礼道子原作）の上演が予定されていた。

全国から、このために人々が集う。その人々に、できればこの産廃問題を訴える機会はないだろうか。そんなふうに思っていたのは私だけではなかったと思う。まだこのときは、能「不知火」の上演がその後の反対運動にどのような形で結んでいくことになるのか、思い巡らすことができないでいた。しかし、時を待たずして、石牟礼道子さんや水俣病患者が主宰する「本願の会」は、もう一つの反対運動の市民組織となった「水俣を憂える会」と歩みを共にしながら、全国の人々をも巻きこんで大きなうねりを作っていくことになる。

大森地区の反対運動の牽引者に下田保冨さんがいた。下田さんは、湯出から流れ出る湧き水の流れを図に作成した。この図によって水俣市民は、この地の「水」にどれほど恩恵にあずかっていたかを知らされる。毎日六〇〇トンに及ぶ湯出の湧き水が湯出川に流れ出て、その伏流水は市民の飲み水となり、不知火海に流れ出ていた。

海にはチッソの水銀が眠り続ける埋立地を抱え、もし山に産廃処分場ができれば、「水

んら水俣病患者にとって、この問題は我が身に置き換えて切実なものだった。杉本さ
俣は息ができんごとなる」。そう言ったのは「本願の会」の杉本栄子さんだった。杉本さ

山から海に、市民の思いは一筋になって行く。㈱ＩＷＤ東亜熊本の事業計画書が出てから、わずか四年。この事業は業者が撤退するという形で幕を閉じた。

ふりかえれば、これほど水俣の人々が手をとりあって行動を共にしたことはなかったかもしれない。しかし、同時に一人ひとりの闘いでもあった。そのことは、大森の団結小屋の主であった下田保冨さんの姿を見ながら感じ続けていたことであった。

問題が起こってから、私は湯出の人々を中心に話を聞こうと心に決めた。

湯出のいくつかの村に入った。水俣の山に入ろうと決めたとき、私はこれまでやってきた水俣病患者への聞き書きのときとは異なった意味合いを感じていた。あのときは、壊されてしまった海で、失われたものの大きさに天を仰ぎ、命の尊厳を考えさせられた。ここでは、まだ壊されていない山で、息づく命の営みを見てみたい。海でなくした暮らしや仕事、遊び、それらがまだ山の方には残っているはずだ。まだ壊されていない山々を残したい。そんな思いが始まりだったような気がする。

だが、現実はそれほど生易しいものではなかった。疲弊して行く山々、苦しい暮らし向

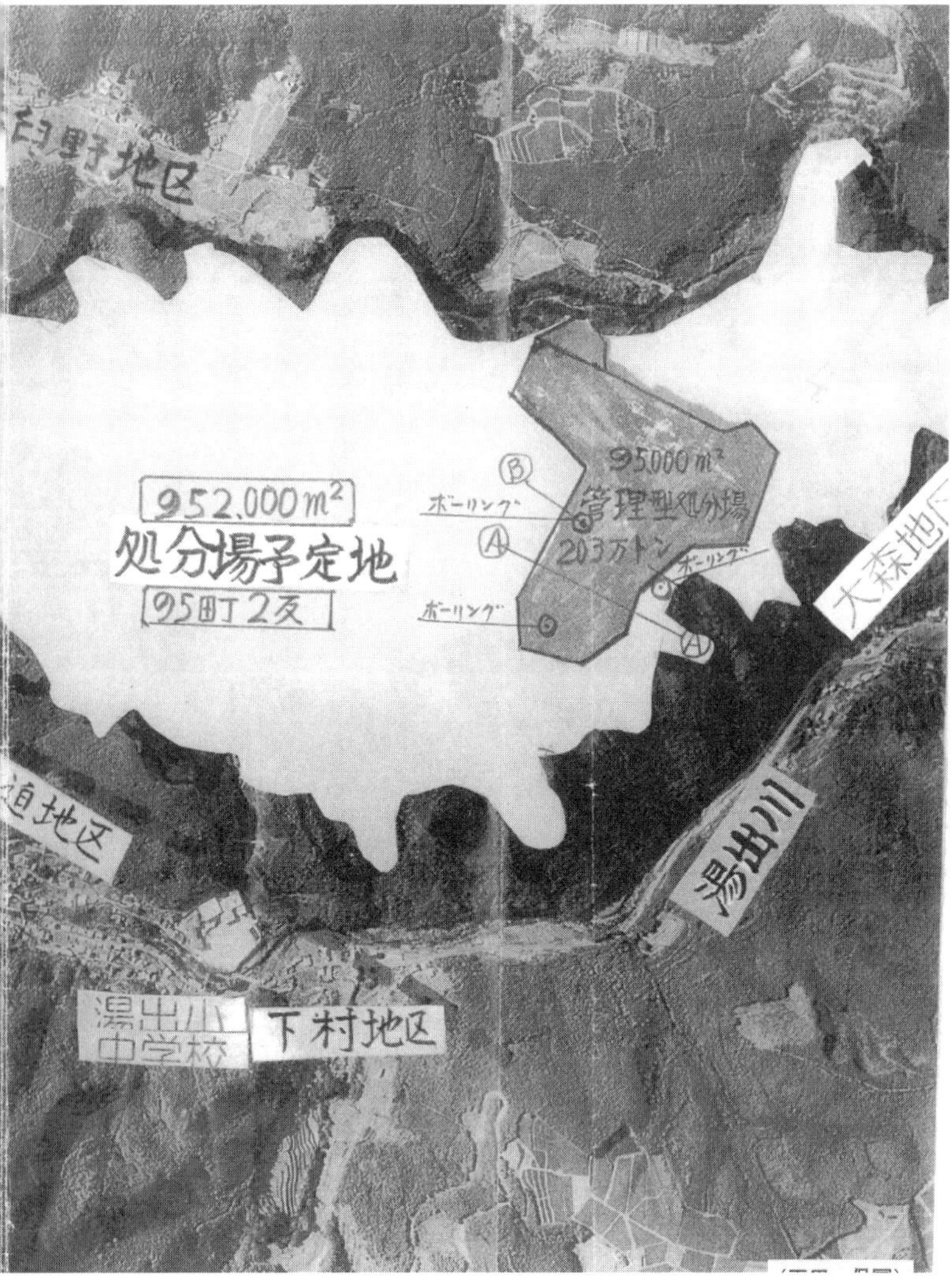

下田保冨さん作成の湯出周辺の産業廃棄物最終処分場計画位置図

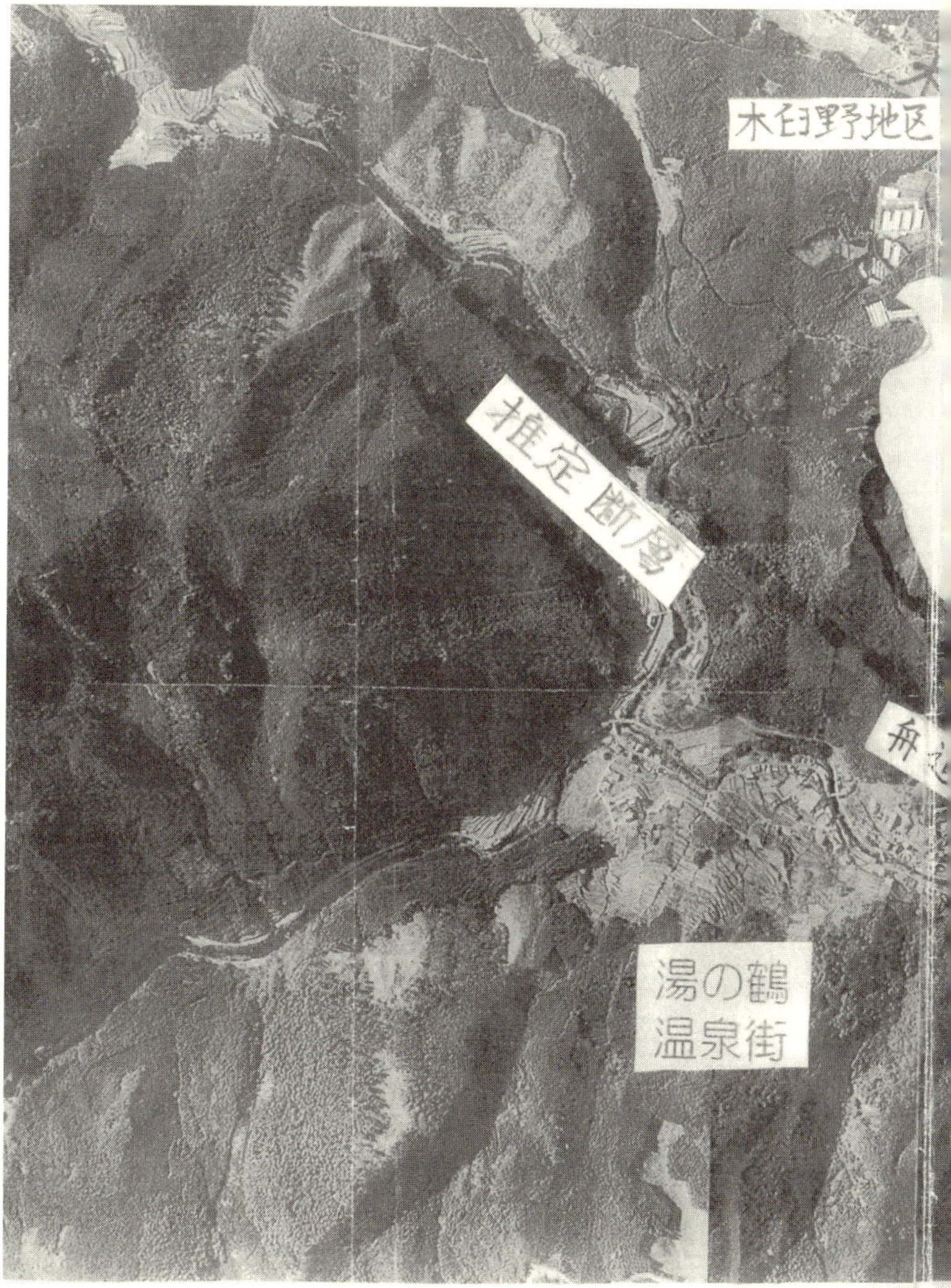
木臼野地区
推定断層
湯の鶴
温泉街

大森の湧水。年間の平均水温は18度

き……。やはり、産廃業者が入りこもうとする部分があるのだと実感した。

しかし、そんななかでも人々は山の暮らしに誇りを持ち、小さな取り組みを重ねているのだとも思った。そして何より、湯出に住む大方の人々が、自分たちの地域に処分場が出来ることに同意しなかった。

「湯出はこのままでよか。みんな助けあっていければ」

そこからのはじまり。それは水俣市民にとって、どれほど重みのある言葉だろうか。この四年の闘いのなかで、湯出の人々がくれた贈りものであった。

残り続ける埋立地の水銀、多くの解決のできない問題を抱えながらも、水俣市民が掲げて歩く、確かな「灯火」がここにはあったと思い直している。

第一章

水音のする村

追廻し橋から見た湯出川

湯出温泉に行く道沿いの風景

大森

株式会社ＩＷＤ東亜熊本による最初の事業説明会は、二〇〇三年五月十一日、水俣の山間部湯出の木臼野《きうすの》地区から始まった。それからおよそ一年後の二〇〇四年三月一日、同社の環境影響評価方法書の縦覧が開始され、同年五月十三日には、許可権を持つ県の環境影響評価審査会が現地視察。同二十二日には水俣市湯出で業者の事業説明会が行われた。

その直後の二十八日には、一番被害が起こるだろうと予想される大森地区で、「湯出地区産廃処分場反対の会」が設立される。それ以後、大森は市民組織である「水俣の命と水を守る会」の団結小屋を抱えながら、文字通り反対運動の中心的な場所となっていった。

大森は水俣市街地から車で二十分。大森という名にふさわしく四方を山が囲み、あちこちから水が湧き出ており、水音のする村、そんな趣きがあった。それまで水俣でも知らない人が多い場所であったが、ここから反対運動が拡がっていくことになった。そして、こ

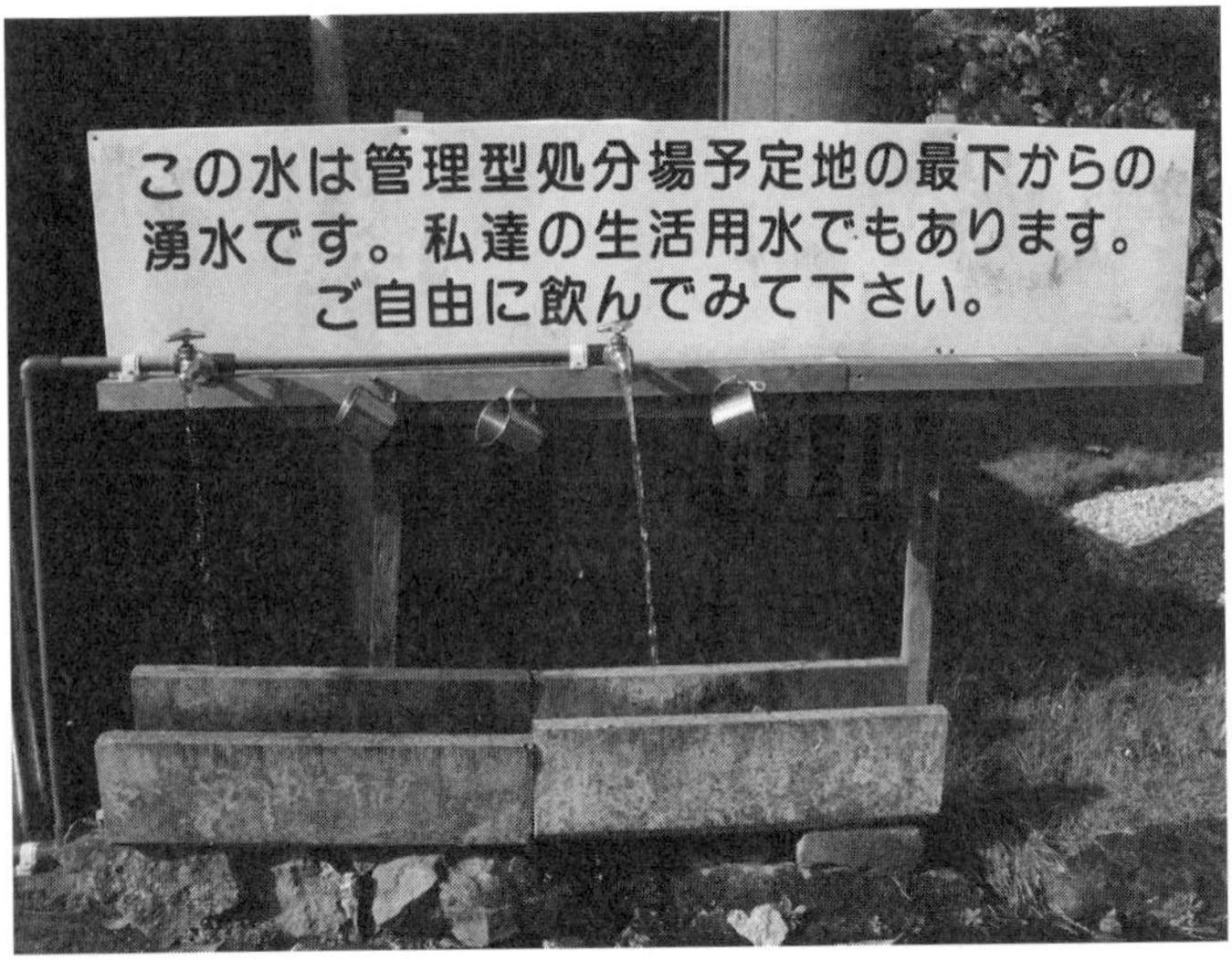

予定地最下からの湧水を下田保冨さんが自由に飲めるようにした

の地に思いを寄せ、水俣だけではなく全国から多くの人々が、この大森にやって来た。それは何より、この地が水俣の命の水を生む場所であったからに違いなかった。

団結小屋の主

薄暗がりのなか、いつものように車にエンジンをかける。毎週金曜日の夜は「水俣の命と水を守る会」の世話人会の日。自宅近くの袋の坂を抜け、侍集落を通り抜けると湯出川の下流にぶつかる。普通、会合といえば、この坂を下りたところで左に折れ、水俣市の中心部に向かうのが常であったが、「水の会」の会合は「山」に向かう。

山への道行きは湯出川と一緒である。湯出川の流れ逆らって走って行くと、川は途切れ、車のフロントガラス一面を覆う大きな山が見える。いつも決まって、この山の姿に圧倒され、次に気持ちがふんわりと変わっていくから不思議だ。人間ではなく、ひょっとすると狐か狸の会合かもしれない。月のある晩は、ことに、そんな感じがするのだった。湯出川は、姿を隠したかと思えばまた現れ、いくつかの集落を抜けて上流へと続いて行く。

この湯出に産業廃棄物処分場を建設する予定だと聞いて、「水の会」では二〇〇五年、建設予定地真下の大森に、反対のための団結小屋を作った。このプレハブの小屋が、私が通い続けている場所だった。

そして団結小屋の地主は下田保富さん。八十歳を越える、名実ともに団結小屋の主であった。

「はじめは中村議員から聞いたったいなあ。大森の山のあたりに処分場ができるらしかて。最初の計画は、安定型、管理型処分場、各々二〇〇万立方メートル。そげん言われてもピンとこんたいなあ。それば十五年かけて埋め立てる。はじめのこの計画で一日八〇トン。一〇トントラックでこの予定の量を運ぶと大体どれくらいになるか計算してみたったいなあ。全体量は想像がつくばってん、それじゃ処分場がどんなふうになるのか図にしてみようと思ったわけ」

下田さんはもう二十年前に退職されているが、水俣市役所の建設課に長くおり、学校の校舎や公共施設などを設計してこられた。「戦争中は軍関係の設計をしとったから、あの知覧の特攻隊の三角兵舎も私が作ったんだよ」と言われる。

見上げる山を電信柱三本分、一三メートルあまり掘り、そこにゴミを埋め立てて行く。さらに下田さんは、ゴミを四・二メートルという高さにして、どれくらいのものになるか図にすることにした。

あとでの計算によると、安定型の処分場だけで、水俣市民の一般廃棄物の四千年分になるという、この膨大な計画では、ゴミは累々と一帯を覆い、水俣市の中心部まで続くことになった。静まりかえった山々の懐で、下田さんは一本一本、図面の線を引きながら、この計画の大きさ、無謀さを実感していくことになった。この図の一つひとつが、後に水俣市民の心を揺すぶることになる。

さらに下田さんが心配したのは、湯出の山から湧く水のことだった。この湧き水は、湯出川から水俣川へと合流。その伏流水は水俣市民の水道水の原水となるものだった。下田さんが書いた湯出地区の湧き水についての調査書と、その水の流れを示した図は、この反対運動の大きな武器となっていくのである。

下田さんは、水俣の水の流れをこんなふうに語りはじめた。

「私の考えでは、鬼岳《おんたけ》さん（湯出近くの山）には水が多いんです。下岳の台地をくだって、大滝、七滝がある。今でもかなりの水量と思うなあ。それから頭石《かぐめいし》、あそこも水が多かってです。鬼岳の水は、頭石の手古田というところに出てくる。五目木《ごめき》ですね。それから、この我が家の上の山の台地です。つまりＩＷＤ東亜熊本が産廃処分場を作ろうとしとる用地なあ。ここは矢筈岳（水俣と鹿児島県出水市にまたがる一番高い山）に連なる。矢筈岳に端を発して、西側を流れる県境の境川と同じく、ここから出た水が流れ出て、東側を流

地の位置と湧水箇所略図

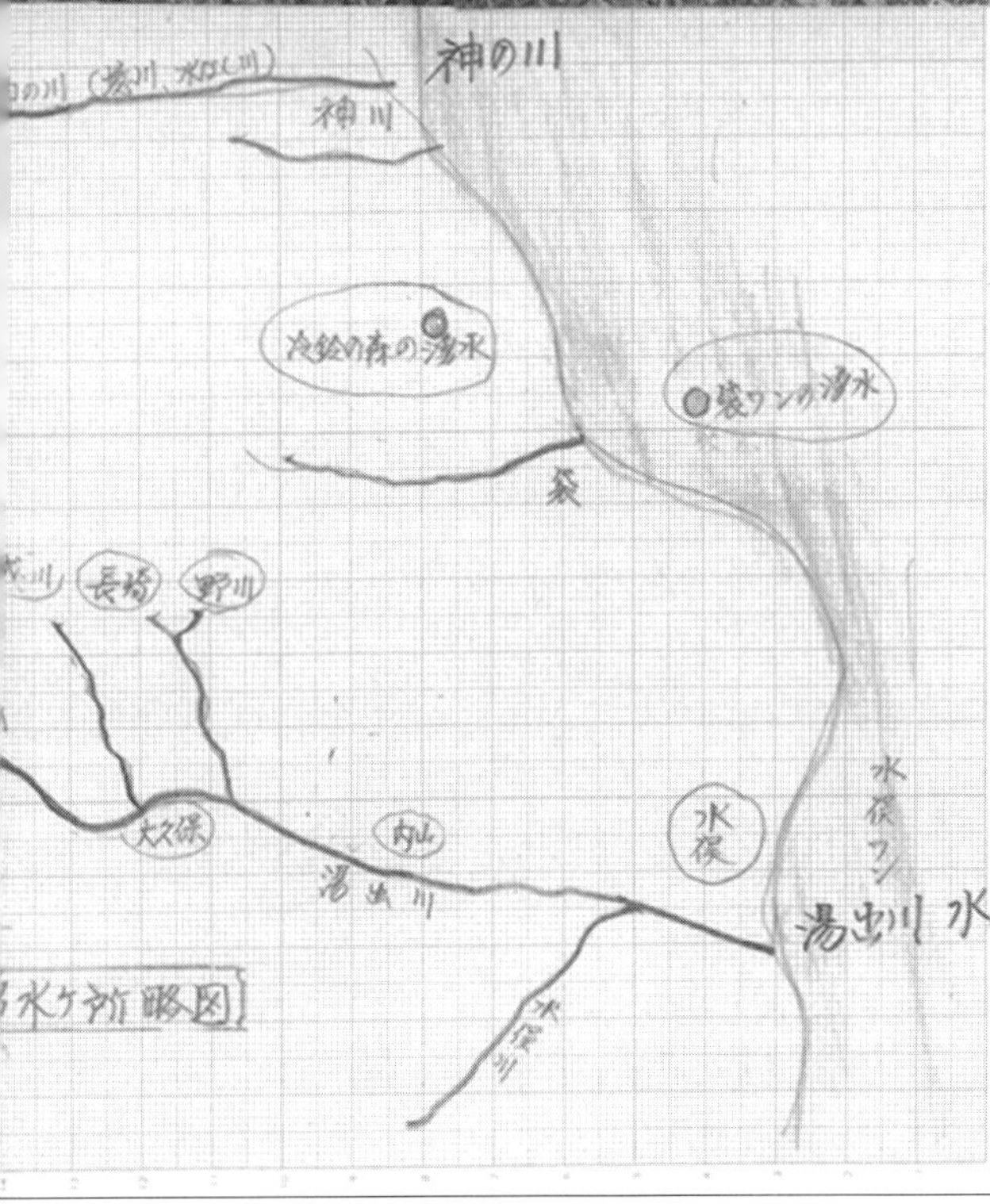

（下田　保冨）

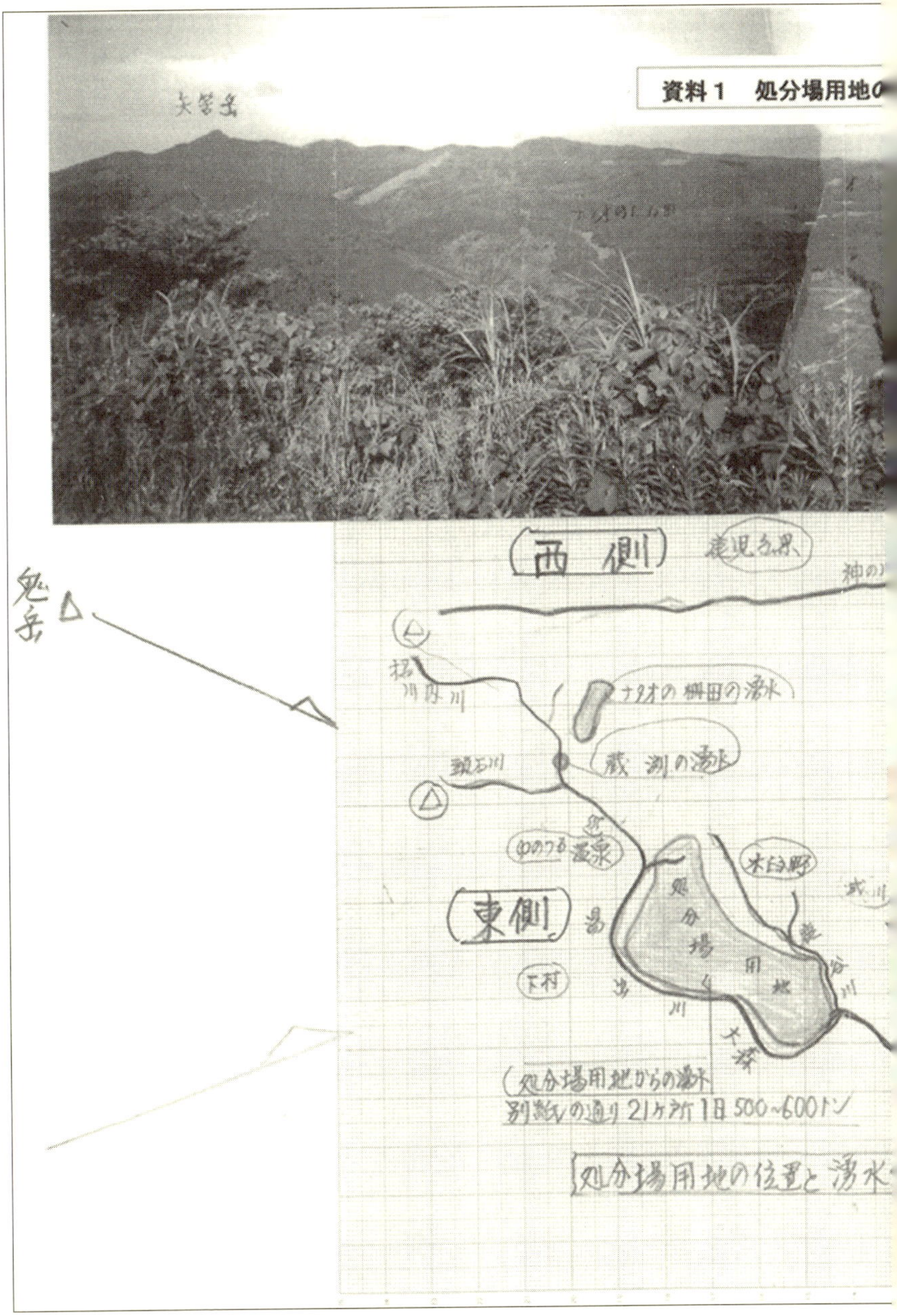

下田保富さんが作成した資料の一部
産廃最終処分場用地の位置と湧水箇所略図

資料7　管理型最終処分場の計画断面の予想略図

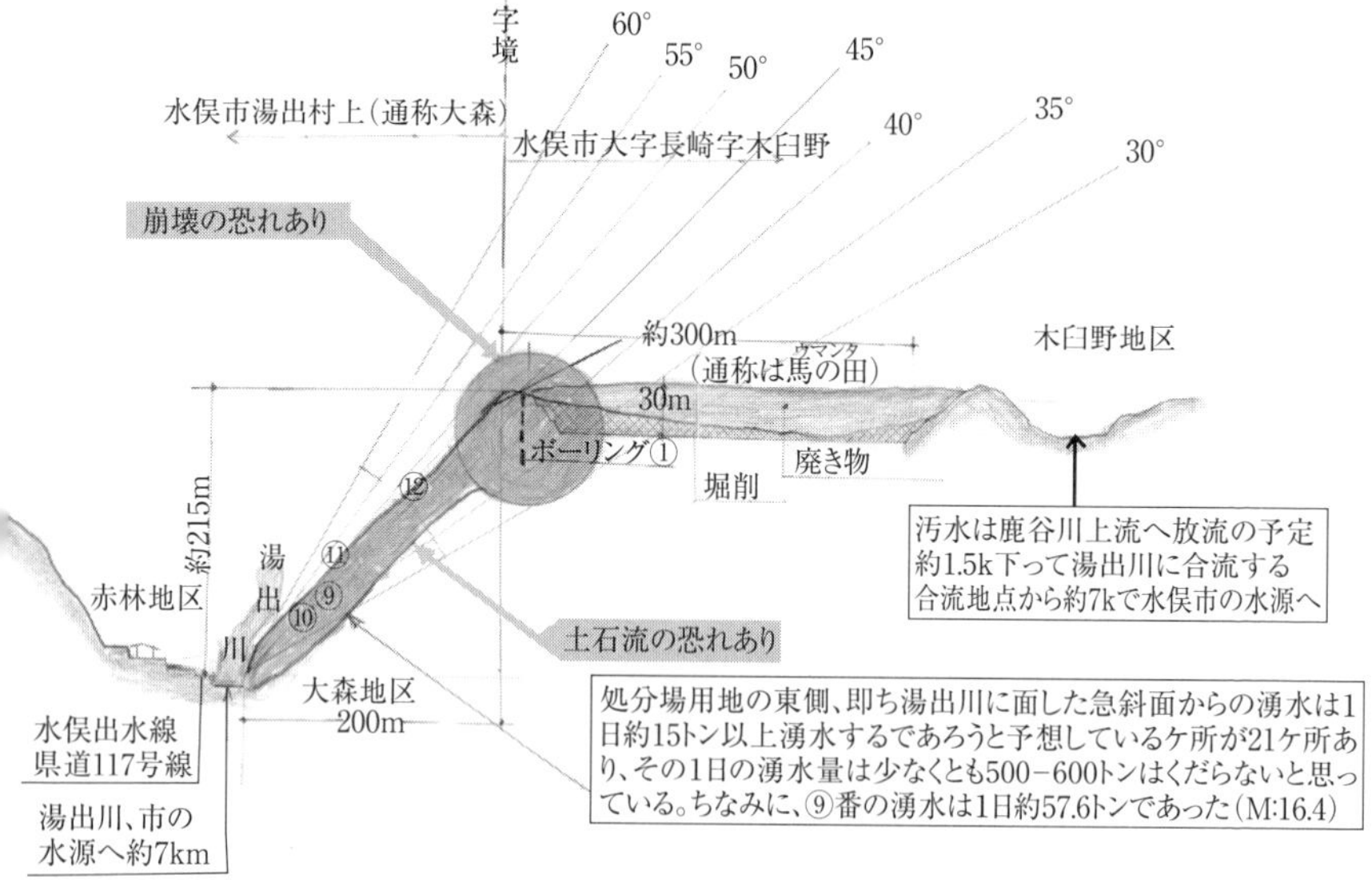

湯出川に面した急傾面の断面予想略図　S $\frac{1}{300}$

（下田　保冨）

下田保冨さんが作成した資料。管理型最終処分場の計画断面の予想略図

れる湯出川にはさまれた起伏の少ない平坦な台地。それがこの処分場の予定地。言いかえると矢筈岳を軸に扇の形を形成し、ゆるやかに傾斜して水俣湾に向かっている」

そう、不知火海に流れ出る水がここから流れ出ているのだ。

「この台地は湧き水が豊富でなあ。袋の冷水《ひやすじ》の森の水も、袋湾の湧き水も、この台地の地下水が湧き出ていると言われとっとです。台地の上流では湯出地区の名田尾の田を潤し、招川《まんば》内川の下流の蔵淵に湧き出る。この川の水が、流合《ながれあい》で頭石川と合流して湯出川

大森の下田保冨さん

となり、約一〇キロ下ったところで水俣湾に注ぐわけですたい。

水俣市民の水道水は、この川の伏流水からとっている。この予定地の湯出川に面した山からの湧水量は一日約六〇〇〇トン。六〇〇〇トンですばい。まず思ったのは、水源を守らにゃならん。それですたい。この山の水を守らなければ、死んでも死にきれん。ご先祖さまにも申しわけなか。水俣市民にも申しわけなか」

四〇〇万トンのゴミの山が毎夜、悪夢となって下田さんを襲いはじめるのだった。

闘いの始まり

二〇〇四年五月、湯出温泉センターに人々が集まりつつあった。いつもなら、この温泉センターには仕事帰りに汗を流しに来る人や近所のお年寄りが、湯代を払うとゆっくりお湯を浴び、湯からあがるとまたゆっくりと体を休めている姿があった。でも今日は、玄関を入ったところから、いつもと違っていた。人々は足早に、玄関から二階に続く階段を上がって行った。一足早く広間に座っている人たちを見ていると、各々の顔がことのほか緊張しているように見えた。二階の広間は、十分もするといっぱいになった。

業者の説明が始まる。「私がＩＷＤ東亜熊本の社長です」と挨拶したのは、小柄で華奢な女性であった。

「今から当社についてのビデオを観ていただきたく思います」

ビデオの内容は、ＩＷＤ東亜の廃棄物処理についてのトータルマネジメントシステムなるものであった。映像が始まると、人々の視線は画面に向くものの、何かしら殺気だっているような雰囲気があった。始まって五分もしないのに「こげんよか話ばかり聞いてもなあ」とささやきあった。ビデオは三十分ほどで終わった。座りなおした聴衆の関心は明らかに、湯出の山間部にできる予定の処分場一点に絞られていた。

「大森の説明会のあったときですたいなあ、安定型と管理型の二つの処分場を作るということでしたが、管理型についてては、ほとんど説明がなかったと思うとですが、もうちょっと詳しく説明してくれんな」

手元にあった埋め立て計画なる資料には、安定型には、廃プラスティック、瓦礫、ガラス、陶磁器くず、金属くず、ゴムくず、一般廃棄物。管理型には、燃えがら、汚泥、廃油、灰酸、廃アルカリ、灰プラ、紙くず、木くず、繊維くず、動植物残渣、ゴムくず、動物の糞尿、動物の死体、ばいじん、一般廃棄物、コンクリート固形化物などが記載されていた。

この処分場のありようが、急になまなましく感じられた。ごみの範囲は広く、有機物から危険と感じられる物質までもっと多くの種類があるに違いなかった。

次々にあがる質問のほとんどは、これら埋め立てられる物質が水を汚染しないか、環境に影響しないかということであった。

テーブル一つの間隔で業者と向きあっていたのは、大森の下田保富さんと、同じく大森

大森では湧水を引きためて生活用水にする

の梅下富一さん。梅下さんは、のちに湯出の反対する会の会長に就任することになる。梅下さんは廃棄物の中身をよく把握しているのか質問が的を射ており、反対グループを引っ張っているような感じがあった。湯出温泉の女性がこれに加わり、現地の反対住民の気持ちは、よくまとまっているように感じられた。思えば、この説明会そのものが処分場反対運動の始まりでもあった。

業者側は既に、これまでの説明会で住民の質問攻めにあい、資料の変更をよぎなくされていた。変更した内容は、管理型処分場の埋め立て項目から、廃油、灰酸、灰アルカリ、動物の死体という項目が除かれていた。業者は湯出住民の激しい抵抗を予測してか、説明会のはじめに、そのことを伝えた。しかし、項目の変更などは、反対運動の目的には程遠いものであった。

このときはまだ、住民はこの巨大処分場の規模の大きさを充分には認識できていなかった。それでもこの日、湯出の人々の質問や意見が問題の本質を捉えていなかったわけではなく、たぶん打ち合わせなどなかったはずなのに、それぞれの立場から充分に業者を追い詰めているように思えた。

その日から、湯出の人たちだけでなく、集まった水俣市民の心のなかに、産廃反対の旗が立ったような気がした。

白く濁った水

「業者が予定地をボーリングしたとき、うちの水なあ、白く濁ったっぱい」

そう話してくれたのは勝目義俊さん。下田保富さんの義理の息子にあたる。団結小屋のすぐ近くに住んでいる。

「私は川遊びが大好きで、夏になると二時間でも三時間でも川につかっとると。小さかときから川遊びと山遊びなあ。山と川がなからんば好かん質《たち》たいなあ。

山は時期になると、食べられるコジの実とか、椎の実とか、三種類あっとですよ。その実を採りに行ったり、秋なら、あけびとか。そういうのを山に行って食べたり、そういうことばかりしよった。今みたいに、お菓子もふんだんに買えるときじゃなかったから。

そん頃は、今で言うツリーハウス。あれば自分たちで作りよった。木が三、四本あれば何メートルか上に竹とか切って、蔓《つる》とって来とって。紐なんか買わんかったもん。食べるもんは山にある。鳥とかも罠にかかる。ウサギもけっこうおった。ウサギも罠にかかる。猪は、昔は罠かごに入るか、猟師さんたちが鉄砲で撃つか。

招川内の川は、ここ（湯出川）の半分位なんですが、あったかくなれば夏場はほとんど川遊びで、時間さえあれば川。ハエ釣りしたり、鰻釣りしたり。昼間は川蟹をとりに行って、手づかみでつかまえよった。どこが川蟹のすみかか、わかっとですよ。石の横に必ず掘った形跡があっとです」

義俊さんは、そこまで一気に話した。それからますます話は佳境となり、川の獲物が小使い銭になったと、鰻てごの話になった。

「鰻てご、あれをつけとって鰻をとった。学校に行くとき旅館に売って行きよったです。天然鰻たいね。最初は親父に無理言うて、鰻てごば買ってもらった。私たちが小学校の頃、昭和三十年代は一匹三〇〇グラム、三百円位でとってくれよった。だけん、学校帰りはミミズばとってですね。どこそこ草を刈ったのを積むとですよね。そこにミミズが繁殖する。よかミミズを作ってくれるとですよ。昔は畑に一カ所、草を刈ったのを積んどった。そうすると、下はきれいにミミズ。いい土ば作ってくれるとです」

「この頃も川につかりますか」

「こん頃もつかるよ。でもね、何か、この頃は川が昔と違うような気がする。やっぱりこの川の上の、山の問題じゃないかと思うとっと。うちは、この川の上流の招川内で親父が山仕事で、米も作っとったけん、あそこで育ったけんわかるけど、招内川のあのへんの山が変わったもん。昔ながらの雑木林が伐採されてしまって、寒山の近くも、杉、檜に変わってしまって。それから、だんだん水量が少なくなった気がする。小さいときは、もっと水量が多かったね。

産廃のこと？　産廃のことは三、四年前かな？　聞いたのは。ちょうどうちが行政協力員だった。この話もあるけん、親父（下田保冨）から協力員ばせろて言われて。

自分も水は守らないかんて思う。川遊びもできんごとなる。さっき言うたごと、この山を業者がボーリングしただけで、うちの水（簡易水道）が白く濁ったばい。このへんの水は水道局からの水じゃなかけんなあ。後ろの山から湧き出た水だけけん」

話が終わって外に出た。空は青々と澄んでいたけれど、少し寒かった。橋の上から川の流れを見ていると、さっきの話が蘇ってきた。

「あんた、鮎の刺身ば食べたことあるかな」

幼い頃、私は隣町の出水の広瀬川で、ビーカーのようなものに味噌を入れて魚をとった記憶があった。故郷にまたがる大きな山々の恵みを受け、私たちは育った。そんな連帯感があった。一緒に遊んだら面白かったろうね。川に向かって独り言を言った。

カジカ蛙をつかまえんば

「水俣の命と水を守る会」の一周年の大会も盛況に終わったある日のことだった。大森の追廻し橋から、うっとりと川面を眺めていた。

湯出の方の上流右側には、大人が泳いでも充分楽しめそうな大きな石がゴロゴロしていた。橋から水俣川の方向を見ると、いくつも岩と瀬があり、子どもが遊ぶには、この上なく楽しそうに見えた。

二〇〇六年夏、たぶん大森でついぞなかったはずの光景が蘇ることになった。しかも、泳いでいるのは袋（水俣病多発地区）の海の近くの子どもたちだ。大森には市内以外からも、大げさではなく全国からたくさんの人が訪れるようになっていた。

袋学童クラブの先生は、大森に行く前の日、こう言った。

「水俣の湯出の方に大きな産廃処分場ができようとしています。産廃というのは会社や家庭からも出るゴミなんだけど、そのゴミを日本中から水俣に持って来て、湯出の山に埋め立てようとしてるわけ。みなさんは賛成ですか？　反対ですか？」

そう言われてもと、子どもたちは最初ポカンとしている。

「今ね、日本中でこの産廃による被害が出ています。水が汚れたり、空気が汚れたりしています。みなさんは水俣病のことを知っていますね。じいちゃんやばあちゃんが病気になったという人がいますね。水俣は、水俣病のようなことが二度と起こらないよう、この産廃の計画に反対してるのね。

みなさんに考えて欲しいの。明日はまず、中尾山というところから、どんなところに産廃場ができようとしてるか見てもらいます。これは水俣市役所の人に頼んでいます。次に大森の下田保富さんに、産廃についての話を聞きます。それからお弁当です。お弁当が終わったら湯出川で泳ぎます」

そこまで話が進んだとき、やっと子どもたちの声が華やいできた。

「はあい、ちょっと聞いてください。いいですか。ただ泳ぐだけではありません。大事な仕事があります。産廃処分場を作ろうとするときに、業者が守らなきゃならないことがあるのです。その一つに、建設地に稀少生物がいないこと、というのがあります。ここにはカジカ蛙という蛙が棲んでいます。この蛙は天然記念物、つまり稀少生物なんです。つまり、この蛙が建設予定地の近くの川にいれば、処分場を作ってもよいという許可がおりないんです。産廃処分場ができないためには、つかまえた方がいいでしょう。みなさんにもぜひ、泳ぎながら、この蛙を見つけて欲しいのです」

子どもたちはさらに騒ぎはじめた。先生が見せた生物図鑑を我さきに取り上げ、カジカ蛙なるものを確認しあった。

「カジカ蛙って、ほら、こればい。俺がつかまえてやる」

背の高い男の子が言った。その日、袋学童クラブは大賑わいとなった。

いよいよ当日。八月の朝は既に暑く、冷房の効いたバスが気持ちよかった。次々に乗り込み、やっと出発。バス以外の車も動き出す。乗用車には車椅子のN君の姿もあった。

バスは一路、水俣の市街地に一番近い山、中尾山に向かう。待っていてくれたのは市役所の人たちと、大森の下田保冨さん。

中尾山から桜野上場《さくらのうわば》に抜ける山道の途中に、湯出の産廃処分場予定地に続く山々、言い換えると地形を一望できる場所があった。以前に「水の会」の世話人の人々とここに立ったことがあったが、山に囲まれた湯出地域、ことに山々の連なりの先に大森の予定地を見たときは、感慨深いものがあった。「地図で言うと、大森はちょうど水俣の中心」。いつか下田さんがそう言ったけれど、中心ということは、水俣は本当に山ばかりなのだと改めて思う。

目的地の下の山道にバスを止め、そのあとは、さらに険しい山道を歩いて行かねばならなかった。バスの子どもたちを降ろすと、次は乗用車のN君。先生たちが三人ほど、車椅子のまわりに集まってきた。

「よかねー、登って行くけんねえ」

そう言うと、どれくらいの道のりなのか想像のつかない山道をどんどん登りはじめた。一〇メートルほど進むと、手では持ちにくいと思ったのか、一人の先生が自分の首に巻いていた赤いタオルを車椅子に巻きつけ、気合を入れなおすように、「Nくん、つかまっとってね」。先生たちの思いは額の汗となる。どんなにデコボコの道でも登りつめて、産廃処分場ができるところを確かめねばならなかった。

やっと頂上に着いて話を聞きはじめる。

「あそこが予定地だよ」

市役所の人の声に、みんな、かかとを伸ばして遠くを見るのだけど、低学年の学童の子たちには、まわりの木などが邪魔をして遠くを見ることができない。先生たちは自分のまわりにいる子どもたちを抱えあげ、「ほら、あそこだよ」と次々に指さして見せた。

頂上での話が終わり、次は現地、下田保富さんの家に行く。およそ四十人ほどの一行を、

第一章　水音のする村

カジカ蛙を探した湯出川

下田さんは迎え入れた。話が終わると、本当は外で弁当をを食べる予定になっていたのだけれど、ここで弁当を拡げていいということになった。

「下田さん、一緒に食べましょう」

そう言うと、学童の先生たちがおにぎりや卵焼きなどを下田さんの前に並べた。

「昔は川で泳ぎなったでしょう」

先生が尋ねる。

「それが一番楽しみやったんなあ。このへんで溺れて死んだもんがあったって聞いたことはなかったなあ。上の子も下の子も、みんな一緒に泳ぎよったけん」

そう話す下田さんの横顔を見ながら、この学童クラブの子どもたちのじいちゃんたちの話を思い出す。あの茂道や湯堂《ゆどう》のとっぷりとした海が遊び場だったじいちゃんたち。一緒に遊び、漁に行った友達が、水銀にやられた魚を食べ、次々に倒れて行った。決して忘れることのできない、その情景は、孫の命にも刻みこまれているに違いなかった。

「俺がカジカ蛙をつかまえてやる」

ご飯もそこそこに、男の子たちが騒ぎはじめる。

「カジカ蛙、おればよかばってんなあ。キーキーて鳴くとばい」

と下田さんが言う。子どもたちは、その鳴き声を聞き漏らすまいと耳をそば立てながら、大森の追廻し橋の下の川に降りて行く。

川下から、水着姿の先生の声が響く。

「ほら、早く泳いでこんね」

「せんせーい、カジカ蛙ば探さんば」

まじめそうな女の子たちの声。

「よしよし、泳ぎながら探そう」

ほんの十分間位だったろうか、カジカ蛙の記憶は。その後の子どもたちは、キーキー、キャーキャー、文字どおり湯出のカジカ蛙に変身してしまった。

風向計

局地気象という言葉を聞いたのははじめてだった。秋のある日、水俣病センター相思社の高嶋由紀子さんが、「今度、局地気象の勉強会をします」と講演会のチラシをくれた。そこには、「一山越えると天気が変るとよく言います。このように、海や山など様々な条件によって生まれる、狭い地域の気象を局地気象という。今回は、局地気象の専門家である中田隆一先生に、風の話を中心に、その秘密をわかりやすく解説していただきます」とあった。

この「秘密」という言葉にクラッと心魅かれた。もちろん目的は、産廃処分場ができたら村々にどんな影響があるのかを勉強しておこうというものだったのだけれど、日頃、気象庁頼りだったところから、身近な気象に目を向けるきっかけになったような気がする。

この日、残ったメンバーのなかに大森の下田栄次さんの姿があった。その日を機会に風の部会を作り、定期的に集まろうということで解散。しかしながら、年を越しても、この部会は集まることはなかった。

　ある日、大森を通りかかると、団結小屋近くに住む下田栄次さんの家の屋根近くに、左右に揺れるものがあった。風向計だ。産廃処分場予定地からの風の流れを調査しているに違いなかった。風向計に惹かれて家を訪ねると、栄次さんは「まあ、あがらんな」と人なつっこい顔で誘ってくれた。

　玄関を上がるとき、およそ半年前になるだろうか、はじめてこの家を訪ねたときのことを思い出した。下田さんは本棚から水俣の産廃に関する書類を引っ張り出し、見せてくれた。その書類には、水に関する様々な資料がきめ細かに並んでいた。七十歳を優に越した栄次さんの風貌は、いかにも山仕事に徹してきたというような感じであったが、実はチッソの技術者としての経歴を持っていた。

「チッソに勤めておられたんですね」

「うーん、戦後なあ、昭和二十四年に。チッソは、社員、直接の工員と試験があって、自分たちが入ったときは受験者の一割位しかおらんかったもんなあ。二十四名入った。

　チッソは人の多かとにびっくりしたなあ。関連から何まで入れれば七千人位おったかなあ。その頃は女の人なんかでも体の頑丈な人ばかり。男と混じって仕事しよったでなあ。

一番長くいたのがチッソプラスティック。軌道にのったからと、あんたたちは帰らんかなと言われ、ＰＶＣ（ニポリット）で農業資材も作った。はじめに工場まわりの排水の大腸菌調査。そのあとが大腸菌でバイオでの粗合成ペニシリンを作ったんだけど、体に匂いが残って大分嫌な思いがしたなあ。

次は土壌菌で、今流行のヒアルロンサン作りを始めた。苦労して作った初物を、上司がなあ、「かあちゃんに」ってくれたけど、自分は使う勇気がなかったんなあ。というのが、昭和六十年頃、一キロ二百万円近くしよった。ヒアルロンサンは、化粧品が一グラムに水一リットル、ものすごく保湿性が良か。その頃は人間には使いよらんかった。鶏のとさか、あれから抽出して作りよった。

下田栄次さんは風向計を設置し、産廃処分場予定地からの風の流れを細かく調査した

それから、鮨のうまみと防腐剤になるポリリジン。最初は何に使うかわからず、野菜の防虫にしたばってん効果なしで、いろいろテストして最後に鮨にたどりついた。とにかく、いろいろ苦労が多かった。

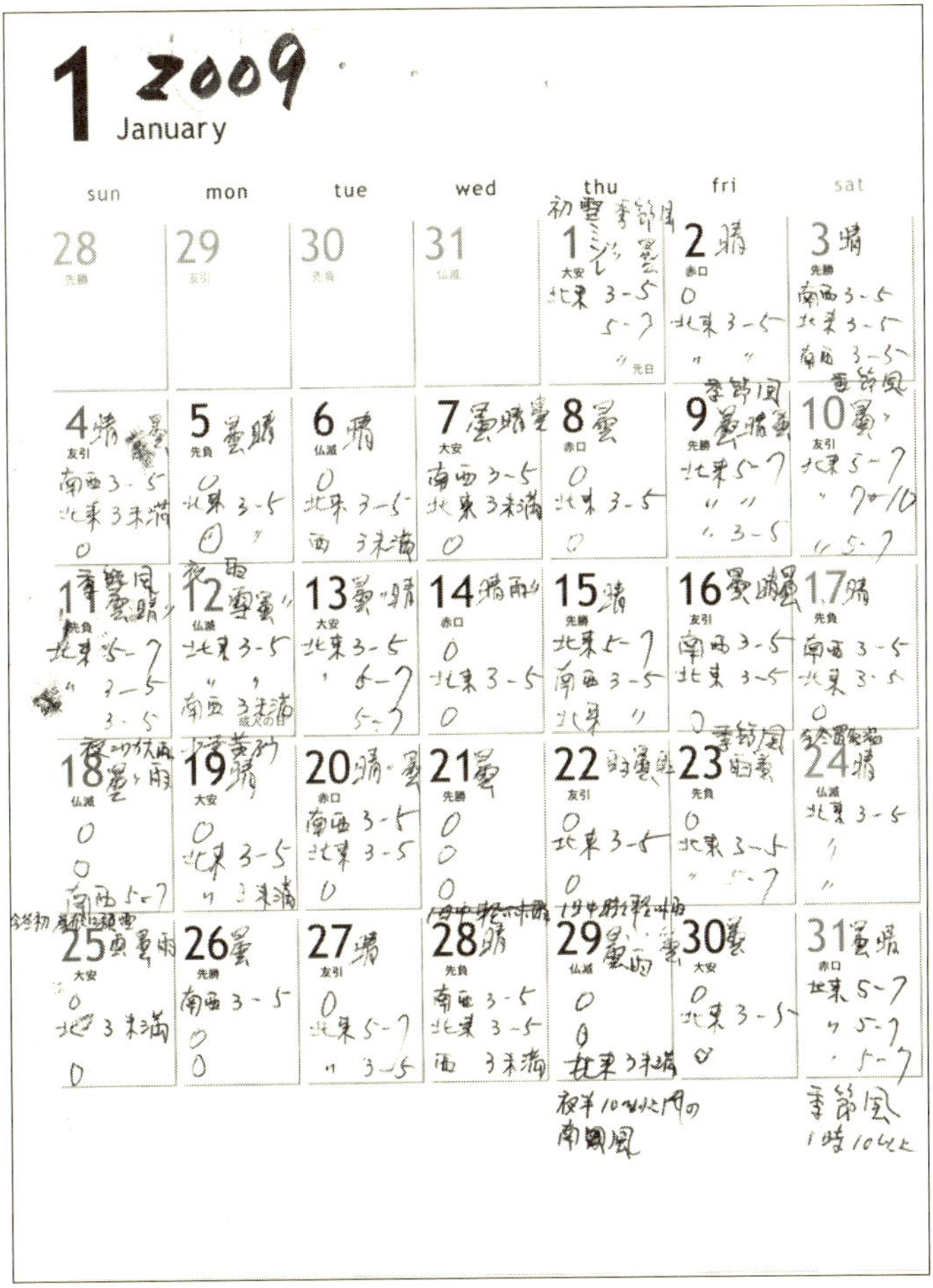

下田栄次さんの調査した風の流れを記入したカレンダー

家の仕事も忙しかった。終戦当時は学校も畑にしよった。カライモを植えて、仕事から帰って農作業したなあ。子どもを学校に出す時分は睡眠時間は三時間とればよか方やったねえ。夜勤をあがってきてから、そん朝、ご飯食べて、昼ご飯は食べずにおった。組合に入ってからが、また大変。昭和二十四年に組合に入った。第一組合で闘ったたいなあ。あんまり会社の言うことを聞かんかったけん、どこそこぶいやられて。昭和三十八年の闘争のときは、工場のなかには入りならんて、土方に行きよった。切り崩しのためなあ。

組合活動のことを語ればきりがなか。ただ、今言えることは、自分たちは根性が違う。第二組合（御用組合）とは賃金なんかも、賃上げのときなんか全然違ったでなあ。おったちゃ、あまり競争心ていうとはなか。人を蹴落とそうとは思わん。金で心は売らん、そう思っとったでなあ。その心はやっぱり地域に住んでいても、この産廃問題でもあっとなあ。第一組合のもんな個性の強かでなあ。そん代わり、これて思ったらとことん」

なるほど、「これと思ったらとことん」という言葉どおり、風の部会は閉じたままだけれど、栄次さんの風向計は湯出の山の風を受けて今日もまわり続ける。栄次さんの闘いの印に感じられて、見上げるたびに眩しいのだ。

産廃処分場予定地に登る

「こん山を登って畑に行きよったもんね」

「ええー、ここ、自分が登るのがやっとですよ」

「荷物も担いで登りよったけんなあ」

下田栄次さんを先頭に総勢五人で、大森の産廃処分場予定地を登っていった。ハイキングというには山が急過ぎ、登山というには大げさであり、山行きという感じのものだった。さすがに斜面は登るのがやっとという傾斜であったが、予定地に着くと山はなだらかな起伏となっていた。

「昔はあそこは松山だったのよ。焼き畑で、戦前は坑木《こうぼく》を出しよったのね。下田保富さんの話では、大森の人々の所有であったものが、戦後、県か市から言われ、私有地を開拓団が耕作するようになった。十年位作ったかなあ」

そのあとは土地を買収され、近くは人吉の観光関係のところがゴルフ場にできないかと買収。さらに近年は、鹿児島の酒造メーカーが土地を買ったのだという。そして、さらにＩＷＤ東亜熊本がこの土地を取得することになったのだそうだ。

「もともとは大森の人たちの私有地だったからね。戦後は私たちも開拓団の人たちと一緒に畑を作ったんですよ」

栄次さんは、その年齢とはとても思われない足取りで山を登り、「ここが予定地」、「ここが、昔、畑を作っていたところ」と細かく説明してくれた。

「どうせなら湯出温泉の近くまで行ってみようか」

栄次さんの言葉に、みな賛成。湯出温泉の方向に向かう。途中、山のなかで小さな沼地のようなところに辿り着いた。

「ここ、ここ、馬尼田《うまにた》たい。ここには水が湧き出てくっと」

栄次さんはそう言うと、この台地に湧いてくる水のことを話しはじめた。さらに湯出温泉の方向に向かううち、石垣をきれいに積んだところがあった。「ここは前、この石垣の上に家があってな」と、ここで暮らしていた人がいたのだと教えてくれた。

栄次さんは山に入ると人が変わったように軽々と石を飛び、木にぶらさがり、私たちを案内してくれた。おかげで湯出温泉に下りる道なき道の崖づたいも恐くはなかった。

下田保冨さんの田んぼ。足置き石が見える

二時間も歩いただろうか。湯出温泉の入り口についたとき、私たちの手には様々なものが握られていた。古代の遺跡だという岩石、珍しい山菜。そして心のなかには、ここで暮らした人々への思いがあった。

ちぎりの水

電話口から、怒りの声が響いてきた。

「環境影響評価書のコピー、抜けてるところがあるよ。全部きちんと送ってもらわないと困るよ」

東京の久保田好生さんからだった。いつも早口だけど、今日は、その早口に怒りの感情が混ざって胸がキリリと傷んだ。

業者の出してきた環境影響評価準備書を、中村議員から借りてコピーしたのは、四日ほど前だった。分厚い上に、図あり、形態の違うページもありで、たいそう長い時間がかかった。もし、自分の裏山に迷惑施設ができる計画があり、業者がこのような書類を出してきた場合、素人なら、その分厚さに、まず、しり込みするだろうと思われた。現に、この私は途中で、東京でこの書類を待っている人たちがいることも意識から遠のき、どこかでいい加減にページを飛ばしてしまっていた。

「ええと、何ページですか？　抜けてるの？」

オロオロとまた借主のところまで行かざるを得なかった。いい加減な自分の性格のことは棚にあげて、久保田さんという長年、水俣病患者の支援をしてきた知人の性格にもあらためて気付かされるものがあった。

義を見てせざるは勇なきなり。「義勇軍」という言葉が昔あったけれど、彼はおよそ二十歳代から水俣に関わり続け、水俣病患者の救済だけではなく、様々な水俣の困難につきあい続けてきた。そして、今回の産廃問題では、環境影響評価準備書をもとに、東京周辺に在住の廃棄物処分場全国ネットワークのメンバーや学者などとチームを作り、この処分場についての検討をしてくれることになった。

義勇兵の行動は、それればかりではなかった。映画監督・土本典昭氏、学者の宇井純さんらを共同代表に、「水俣に産廃処分場？　とんでもない！　全国の声」を発足させた。それから以後も目を見張るような活躍をしてくれた。

幸せなことに、もう、すでに三十年以上前から水俣に関わり続けている人々のなかには、日本の環境問題のスペシャリストが多くおられた。ことに近年は、水俣の再生へ向けての貴重な意見も多く寄せられた。

そんななか、二度目の私への叱責は、東北への視察中のことだった。もう床に入り休もうとしていると、宇井先生から電話が入った。

「君、いまどこにいるの？」

「ハイ、青森です」と言うと、

「行政視察なんかしてる場合じゃないよ。ちゃんと現場に行きなさい。現場に行って、住民の声を聞くんだよ。産廃場で困っている人は、たくさんいるんだ」

眠気がいっぺんに覚めた。

「命がけで闘っている人たちだっているんだよ」

背筋が伸びた気がした。

東京の人たちの恐さと真剣さはそれだけではなかった。それでも、その厳しさと裏腹に、水俣から上京した人たちには、いつも良くしてもらった。慣れない上京メンバーを迎え、地下鉄の乗り降りに一日つきあってくださる。それに加え、集いを開くたんびに「おにぎり」を作って待っていてくれた。そのときのおにぎりの味は、一生忘れることはないだろうと思った。

何回目の集いだったろうか、また久保田さんから電話。

「大森の水、下田さんの家に湧き出ているのをね、東京の人たちにも飲んでもらいたい

下田保冨さんの家に湧き出る水

と思ってるんだけど、何かに入れて送ってくれますか」

　そのときすぐに胸に浮かんだ。「ちぎりの水」に違いない。さっそく、下田さんに電話を入れた。

　当日、また、いつものように、会場には上京した一行のために、おにぎりが用意されていた。そして、東京周辺から集まった人々のためには、水俣の山々から湧き出た大森の水がふるまわれた。

　東京に来た大森の水は、どんな味がするのだろう。そう思って口に含むと、柔らかくて甘い味がした。

水神の化身

二〇〇五年の秋、「水俣の命と水を守る会」では市内全域での地域説明会を繰り返していた。下田保冨さんは湯出地区の湧き水の流れを示す図を作り、説明してまわっており、「水のことは保冨さんに」、そんな思いを誰もが持っていた。そして二〇〇七年三月、ＩＷＤ東亜熊本の環境影響評価準備書の説明会の日、下田さんへのその思いを改めて確信することとなった。

市長当選後にできた「産廃阻止！　市民会議」では、説明会を前に評価書への反論を様々な分野で検討した。水や地質、植物等々。この説明会の日の反論の第一番目は「水質」への影響であった。

春まだ浅いその日、大森の団結小屋に集まった人々は一様に興奮していた。超満員の会場での「水」をめぐる論争、ただその一点で業者は立ち往生をしてしまったからだ。事業予定地の真下に住む下田さんは、青年のような澄んだ声で、事業者の出してきた準備書の内容を問い詰めて行った。

主なやりとりは、大森に湧く水が、地表を流れる表流水か、地下水（湧き水）か、という内容であった。下田さんは、この「水」についての担当であった相思社の遠藤邦夫氏とともに質問を繰り返すのだけど、二人の役目が実に巧みに絡みあって相手を追いつめていくのを感じた。

それは何より、大森に八十年以上にわたって住み続けた下田さんの揺るぎない「水」への確信。下田さんの家に流れ出る水がどのような経路でやってきているのかを実証できるという深い自信の成せることだと思った。

この日の団結小屋では、集まった人々から下田さんへのねぎらいの言葉が続いた。でも、下田さんはどこか、参加者の思いとは違うところに心があるように見えた。

「あっどんたち（業者）の言うとは間違っとる。雨が降って流れてくるようなもんじゃなか。こんこんと地下ば流れてきよる。それは立証できるがなあ」

二時間の会議の間中、下田さんはこの言葉を何度も何度も繰りかえした。議事を進める溝上事務局長が、ちらちらと下田さんの方に目をやるのだけれど、そんなことはおかまいなし。事業者に向けた「狂い」のようなものだと思えた。そして、この「狂い」の瞬間、下田さんは、この地と一体となる。この地の神が、下田さんに宿っているのだと思えた。下田さんは、この地から流れ出る水の化身に違いない。その横顔を見ながら、私は何度も瞬きをした。

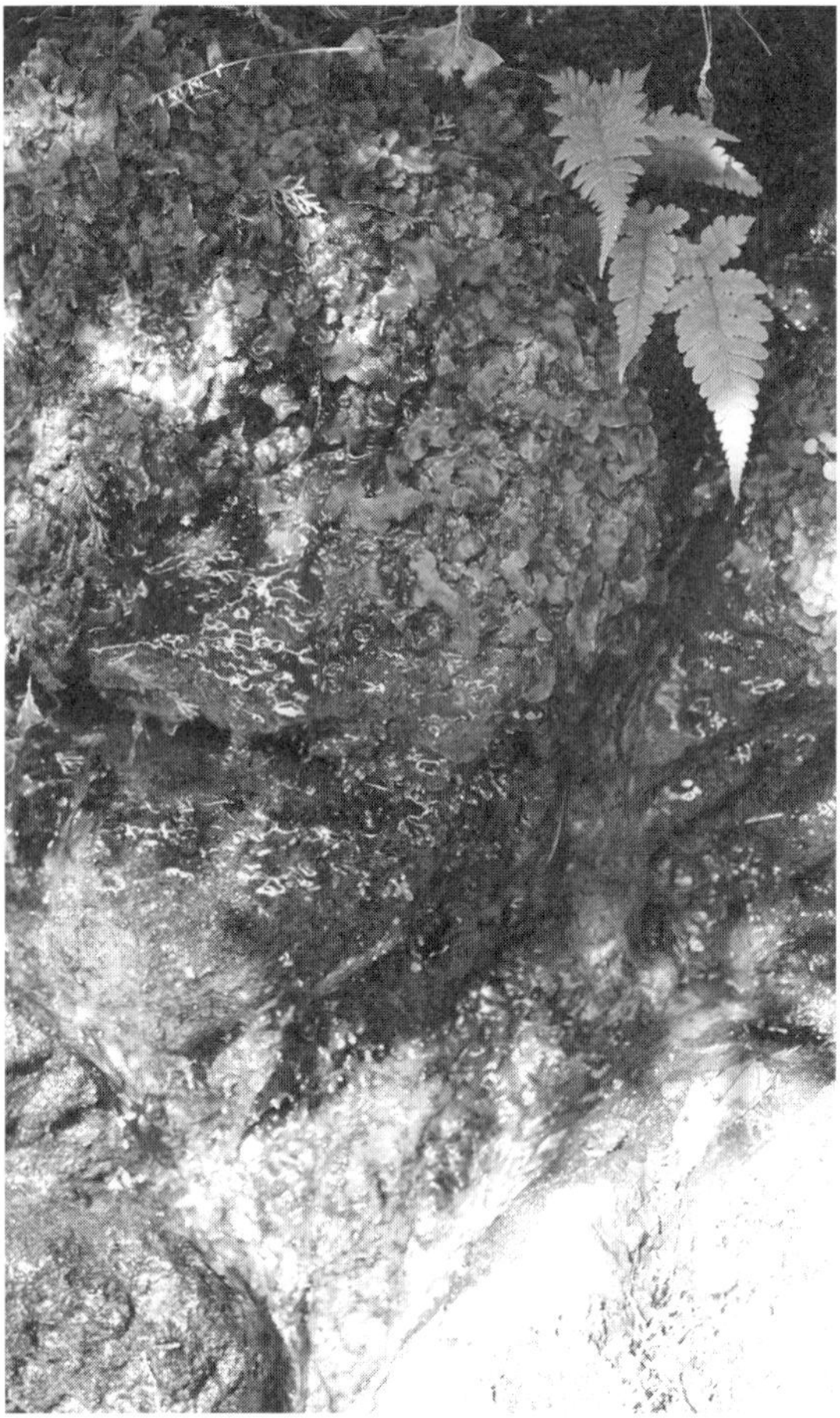
大森の湧き水

第二章

湯治の山里

湯出川

湯出温泉街（別名「湯の鶴温泉」）

湯出温泉

水俣の山里、大森よりさらに山間部に湯出温泉がある。温泉に行く途中、鶴の置物が二匹、人々を出迎える。湯出は別名「湯の鶴」と呼ぶ。昔、傷ついた鶴がこの地の温泉で傷を癒したとの伝説に由来している。古来、その豊かな湯質、湯量、何より湯出川沿いの四季折々の自然の美しさから、多くの人々が湯治にやって来た。

夏になると「湯出んお湯は、ちょっと熱かばってん、入れば体の引き締まる」と言う人がいたが、二〇〇五年の夏から秋にかけては、この熱さが市民にも乗り移ったかのように感じられた。

市議会では廃棄物最終処分場問題特別委員会ができ、市としては水俣市廃棄物問題検討委員会を立ちあげ、検討に入ったかのように見えた。しかし、その本質は、この問題に「中立」という姿勢をとる市長の意向を受けたものであったため、市民の大方の「反対」

温泉街中心部

という思いからは乖離した動きとなっていた。そのため議会内では激しい一般質問が繰り返され、また、水俣病患者団体などからも市長に対する要望と交渉が続いていた。

ことに患者団体「本願の会」は、この湯出を水俣の「再び繰り返してはならない聖地」として、ここから闘うことを表明し、能「不知火」の再演を行った。

業者からの同意書を求められて

梅雨もまだ明けぬ六月後半、「水の会」では、下田さんの家から産廃処分場予定地に向けて山を登ってみよう、ということになった。目的は水の流れを見るためである。

山登りには、おまけもついていた。湯出温泉の四浦屋さんで温泉につかり、昼は鰻でも食べながら、これからのことを話そうという算段であった。四浦屋さんは下田さんの顔馴染みであり、反対運動にも熱心で、バスを出して下さるなどお世話になっていた。

四浦屋さんは玄関から湯殿までが深く、川底近くに温泉場があった。お湯の温度は高めだが、その湯質の良さは評判であった。

湯出出身の前田安男氏の遺稿集に湯出のことをまとめたものがある。そのなかに湯出の功績のあった人たちの一人として、四浦エノという名前がある。一八七二（明治五）年に移住し、緒方惟規氏所有の平野屋を経営。その後、現在地を購入し、四浦屋経営に乗り出す。当時としては、規模・設備とも湯出では群を抜く立派なものであった。この四浦屋旅館の出現によって、それまで田舎の湯治場としてしか知られていなかった湯出にも、各方面から多くの人が来るようになった。知事や徳富蘇峰、安達謙蔵、野口雨情など著名な人も多く宿泊したとある。

橋を渡りお会いした永野公子さんは、その先代から何人目になるのだろう。その風貌には先代からの気風のようなものが感じられた。

「私はね、ここで生まれたんですよ。永野（ご主人）は茂道の人で、航空自衛隊の教官なんかをしてたのね。

小さいときの湯出は、とってもよかったと思いますよ。温泉宿が十一軒あったかな。それが、旅館組合を作った頃は十軒。最初、ほら、木賃宿みたいにされているところがあったから。今はもう、うちと永野温泉、喜久屋、鶴水荘、あさひ荘……。昔はにぎわってましたよ。嫌というほどお客さんが多かった」

そこまで黙って聞いていた旅館の従業員の女性が話に加わる。

「このあたり、常に満員だったですよ。一週間や十日の湯治は普通だったね。その頃は、ねえちゃんたちも四、五人はおったね。掃除をしてバタバタと次を入れて、朝ご飯を食べさせるでしょう。そしたら、もう、お客さんが座ってね。片付けたら、すぐお客さん」

四浦屋本店

招川内に住むというその女性は、自分がこの湯出に縁があったときのことを思い出しながら、こう言った。

「四方を山に囲まれて、最初は何か窮屈な感じがあったけれど、この頃は、よそから帰ってくると、その囲まれた感じが良くなった」

山に囲まれた温泉。そしてお湯の魅力から、人々は湯出に湯治に来た。

その女性と話していると、リーン、リーンと電話が鳴った。公子さんが出ると、遠方の馴染み客だったらしく、長い話となった。その話しぶりを聞きながら、代々、客との縁を楽しみに続けて来られたんだと思った。

電話が終わり、建設予定の最終処分場の話になった。

「(建設計画が明らかになる)一年位前やったかな、同意書を書いてくれって業者が来たのよ。びっくりして役所に電話したのよね。役所の総務課、都市計画化にも電話したら、誰も知らんち言いなっとですたいなあ、産廃ができるというとば。『え、総務課も知らんとですか、おかしかですね。そんなら財政課に電話します』て言うて財政課にかけたら、ここも知らんて。

その前は、レジャーランドができるからって、ここら辺りでは温泉の掘削の許可証をもらいに来たとです。レジャーランドができれば、温泉はできるだけ湯出に入りに来るからと。最初はそうだった。私が一年前に市役所に電話したでしょう。あんときは、だあれもゴミ捨て場ができるて知らんかった。

もうゴミ捨て場なんか、とんでもない。山の上に養鶏場ができただけで、ハエが増えたって、お客さんから文句が出たのに。水に問題の起これば取り返しのつかんことになりますよ。この温泉街でもうちが一番反対しとっとです。市長の『中立』て、どういうことですかね。反対してもらわんば」

歯切れのいい言葉が胸をすっきりとさせた。

暗雲のなか、東京の集いに

昔ながらの湯出温泉。

「私は一週間に一度は、この湯につからんと、どげんかありますと」

「そげんですか。町から、どげんして来なった？」

「いつも車に乗せてきてもらいますと」

「そら、よかですなあ」

「湯出の湯は、入ればほっこりしてですなあ、私の母の話では、昔は川んなかにお湯が湧いとって、村ん人も湯治客も一緒に入っとったてですなあ。赤ん坊や幼子、じいちゃん、ばあちゃん、下ん方では牛たちもつかっとったて」

「あらあら、それは知りまっせんとなあ。そしこ、良か温泉ちゅうこってすなあ」

「それにまあ、産廃場ができるって聞いとりますが、あれは、どげんなっとでしょうなあ。湯も汚れて入れんごとなっとじゃなかろうかて心配しとりますが。一番心配は市長の反対しならんとがですなあ」

「中立ていうとは賛成と同じて誰かが言いよんなったが」

湯出温泉に入りに来る人たちの間でも、産廃の話で持ちきりだった。

二〇〇五年秋、産廃処分場建設に中立を唱える市長に対し、市民からの活発な要望が続いていた。市議会は既に前年九月三十日に建設反対の意見書を県に提出し、表向きは超党派で反対ということになっていた。しかし、相変わらず市長は中立の立場を変えず、議会の一般質問でも激しい質問が繰り返されることになった。

この年の三月には、ことさら産廃反対の声が大きくなり、さらに市議会でも質問が繰り返されたのを受け、市長は処分場を市で買い上げてはと提示。これに対し議員からは、「買い上げなど考える段階ではない。とにかく市長はじめ市民がこの事業に反対する、そのことが先決だ」という意見が多数だった。

同じ年の六月、ＩＷＤ東亜熊本は「安定型」だけの処分場を断念した。その理由を、同月の議会で市長は、「三月三十一日、東京都内で同社に『安定型建設をやめて欲しい』と要請した」と答弁した。この頃から市長に対する信頼がますます揺らぐこととなった。

「管理型もやめて欲しい」となぜ言わなかったのかという市民の声が渦のように人々の間

に広がって行った。

秋になり、「水俣の命と水を守る会」に加え「水俣を憂える会」は、県への要望に加え市への要望を重ねることになった。それに加え「ほっとはうす」、「本願の会」など水俣病患者団体からも、市長に対し要望、面会を求めた。ことに患者団体の要望は切実な訴えとなった。

秋も深まる頃、「水の会」では地域説明会に入る。どの地域でも、市の煮え切らない姿勢に対し多くの不満が出された。

「来年二月の市長選には、産廃処分場に反対する市長ば出さんばつまらん」

その声が大きくなって行った。

この地域説明会のさなか、十一月五日、東京で「水俣に産廃処分場！　とんでもない東京のつどい」（共同代表＝土本典昭、宇井純）が開催されることになっていた。当日、鹿児島空港に着いた上京メンバーに、ある議員が赤丸の付いた「熊日新聞」を見せた。その記事にはこう書かれていた。現在、市民団体が行っている地域説明会は、産廃反対を口実に市長選のための集いになっている。このような集いは中止するべきだと市長から中止命令の発言があったと。

今から飛行機に乗り込もうとした上京メンバーに失望のため息が起こった。市長の行動はまるで時代錯誤ではないか。悪代官でもあるまいし。

東京に向かう飛行機が雲のなかに入る。反対運動もこの飛行機と同じ状況に違いなかった。今は暗雲のなかにいる。そんな感じがした。

「水俣」の飛行隊長

画面一面に水俣の山々が映し出されていた。それは今にも、見ている東京の聴衆へも水俣の山々から吹く風が舞い降りてくるようだった。その山々の横に、坂本龍虹《りゅうこう》さんの顔が大写しになっていた。どこの高台から写したものだろうか。

この日、二〇〇五年十一月五日、東京での集会のひな壇には「水俣の命と水を守る会」の会長・坂本ミサ子さんと、「水俣を憂える会」代表・坂本龍虹さんの姿があった。二人の挨拶の前に、西山正啓《まさひろ》監督が映した、水俣の産廃問題の序章のような映像が映し出された。水俣は七〇％以上が森林。その水俣の水源となっている山々を、映像はまるで飛行機の上から撮ってでもいるかのような光景で写し出していた。

この集いに来る途中の列車のなかで、龍虹さんはこう話した。

「このあいだ市長に会ったときに言ったのね。俺、飛行機乗りだったから、空の上で何回て死ぬような目にあってたのね。その俺に『自分は命がけで言ってる』って言うから、『あんたの命がけと俺の命がけは、ちょっと違うよ』ってね。この水俣の一大事に中立とは、どういうことかと怒ったんだよ」

ＪＲ水道橋駅で列車を降りた。会場となる全水道会館までは歩いてすぐだ。まだ時間があるからと、近くの喫茶店にコーヒーを飲みに行った。その広い喫茶店で、龍虹さんは、水俣に帰ってきて、昔は嫌だった百姓仕事を始めた理由をゆっくりと話し始めた。

「私が子どもの頃、、うちは広い農業をやってたのね。家はあの湯堂（水俣病患者多発地区）の入り口のところにあった。今の陣原団地は、うちの畑だった。その頃、専業農家は五軒くらいしかなかったのね。石飛（水俣山間部）に二町歩田んぼがあって、お袋の実家がそこにあった。そこで、かけ作」（あちこちに出かけてつくる）。じいさん、ばあさんは、そっちに住んでいる。「今度の日曜日には、石飛に行って百姓だよ」というときには、荷車に荷を積んで、朝三時か三時半から湯堂を出発して、女中さん、弟と一緒に荷車の後ろを押して、〝えくぼ道路〟（舗装されていない、でこぼこ道）を葛渡《くずわたり》、石坂川って五時間位かかりよったんだから。あの石飛の入り口までできたら、荷車の荷をほどいて背中にしょって、それから一時間かけて登って行くわけ。石飛と鬼岳との中間のところ。そして頂上についたら、そこが我が家のじいさん、ばあさんのおるところで、もう、それで十二時近くよ。そこで飯食って、一時頃から作業」

　この話を聞いて、まず驚いた。石飛というと、市内の人たちでも一年に一回登って行くだろうか。頂上には亀嶺《きれい》峠という名勝の地があり、子どもが小さかったときは「だいごろ祭」というお祭りに出かけて行ったことがあった。あの険しい山道を夜中からリヤカーで押しながら行ったのかと思うと、一昔前の人々の苦労を思わずにはいられなかった。

「私自身は正直、百姓はしたくなかったのね。みんなが土曜、日曜、遊ぶことを考えているのに。私一人、また百姓かと。学校の通学途中にもうちの畑があって、親たちは龍虹が来るだろうと待っとるわけですよ。逃げられん。

　私は六人兄弟の二番目だったから、高校の卒業を前に親に言った。『財産いらんから大学に行かせてくれ』って。学校に行くんだったら、法律の勉強をしたいって、立命館の法学部に入ったのね。でも、親の仕送りじゃ生活できないから、毎日、アルバイト。とにかく食べるもんがなくて、水ばっかり飲んでた日もあったよ。京都の冬は寒いからね。水飲んで毛布にくるまっとった。

　立命を出てから航空自衛隊のパイロットコースに入って。飛行機乗りになりたいっていうんじゃなくて、就職がないんだから。超氷河期でね。訓練は苦しくてね、どんどん淘汰されていったね。そのうち飛行部隊の部隊長となって、家庭を持ってから全国二十六回位移ってる。後半の十年は防衛庁勤務とか防衛大学の指導教官をやっていた。

農業が嫌で嫌で水俣を出たんだけど、よくよく考えたら、農業も真剣にやったら面白いんじゃないかと。水俣病という公害はあったんだけど、農業で自給自足というのをやって行ったら、それなりに生きがいがあるんじゃないかと。組織のなかで自分を殺して行くのは嫌だと思ったのね。定年以後は、自分で設計した、自分なりの人生を歩むんだと。土地は二町歩ある。家は土地付きで二千万位。退職金を継ぎこんだ。

まあ、ゆっくりやろうと思ってたら、この産廃問題でしょう。ゆっくりなんかしてられない。産廃問題というのは、今、水俣に課された最大の課題だと思うのですよ。これにどう対処するか。水俣市民の識見が問われる。水俣病の解決も最大の課題かもしれんけど、同じように大きな課題と思うね。

後の人生を自分なりに好きなように生きるために農業をしようと入ったんだけど、そういうのは今の産廃問題と比較した場合、非常に小さい。水俣の五十年後、百年後を見据えた場合、この問題を軽く見過ごして産廃処分場を作らしてしまうことがあったら、取り返しのつかんことになる。当時の人間は何をしていたのと問われる。自分でやるべきことは最大限やるべきだと。それで百姓の方はお留守になっているわけです。

紫陽花《あじさい》の花は一年かけて花を咲かせようとして、一所懸命咲いとるわけですよ。咲いたとき、みなさんからも見て欲しい。だから、そのための舞台作りは、せんといかんて思うとる。でも今は、紫陽花は雑草の下に隠れてしまうことになってる。それは紫陽花に対して申しわけない。申しわけないけど仕方ない。今は産廃のことを頑張らないと」

じんわりとこみ上げてくるものがある。浅黒い顔に髭《ひげ》。こわもてのように見える元飛行隊長は、優しい心根の人だと思う。そして、もっと話を聞くうち、なぜここまで産廃運動に携わることになったかがわかるようなエピソードを話してくれた。

「私の飛行部隊っていうのは、航空自衛隊で二番目に古い飛行部隊で、一番目の飛行部隊っていうのが六カ月に一回位、墜落事故だとか、そういった大事故がある。だけど、うちの飛行隊はまったくゼロ。ないわけ。やっぱり各々、飛行作業に対する考え方が違うわけですよ。

例えば、こういうことがあったんだけど、第三飛行隊は、天気が悪くなって、飛べるかなあというようなときに、『行けー』と勢いがいいわけ。うちの第四飛行隊の飛行班長は予報なんかで状況を見とって、『ちょっと待て』と。ところが気象が急変したわけですよ。母基地千歳に向かったけれど、空港現地の気候が悪くなって降りられない。四機が代替基地の三沢に向かったのはいいけど、途中で燃料切れして三沢と北海道の間で墜落。第四飛行隊は待っとったおかげで事故に至らなかった。肝っ玉が小さいとか色々な言い方があるかもしれないけど、非常に慎重なんですよ。

飛行隊創設以降の飛行は五万時間だったかな。とにかく私は最後の飛行隊長で、私でもって締めるというときだったから余計、慎重なフライトをしとったんだけど、そんなときに米国の第五航空軍の司令官から、ジェット戦闘機でこんな無事故で続いているのは例がないといって、表彰状とトロフィーをもらった。ちょうど坂田道太さんが防衛庁長官だった。第四飛行隊記念館というのを小松基地内に作ってますからね。そこに飾ってありますよ。まあ、坂田さんから言うと、飛行隊長が熊本出身とか何とかわからんかったそうですけど、私にすれば道太さんは熊本選出で、嬉しかったですよ」

ジェット戦闘機で、日本に接近するロシアや中国の飛行機をスクランブル飛行で威嚇していたという龍虹さん。でも、その心根は、隊員を決して無駄死にさせないという信念があった。

そう、今、この飛行隊長は、水俣病の悲劇を繰り返さない、水俣の市民を無駄死にさせまいと大空を飛びはじめた。湯出の山々を飛ぶ、あのクマタカのように、羽を拡げて水俣市民の先頭に立ちはじめた。

今の暮らしがよか、このままがね

「来年の市長選は産廃処分場反対の市長を選ばんばね」

そんな声が市民の間でささやかれはじめた折、湯出の柏木優子さんを訪ねた。この地区の市会議員だった柏木恵さんの奥さんだ。

思い返せばもう何年になるだろうか、川の浄化のために「せっけん」を使うよう運動を続けていた頃、湯出の婦人会の会長さんに呼ばれ、洗濯講習会なるものを行った。その頃だったような気がする。柏木恵さんの家を訪れたことがあった。

湯出温泉は湯出川沿いにへばりつくように旅館や民家が建ち並んでおり、道路沿いの玄関から川近くの方に部屋がしつらえてある家があった。柏木さんのお宅も、玄関をガラリと開けると、その横に階段があって、下の部屋に行けるようになっていた。何やら湯出川と人々の暮らしの様子が垣間見えるようで、また訪れたい気がしていた。

その後、恵さんは亡くなり、産廃問題が起こってから妻の優子さんによくお会いした。優子さんは水俣市婦人会の副会長である。産廃問題でも地元婦人連のまとめ役だった。

「私ね、小さいときはお転婆だったよ。学校帰りに、橋の下にカバンとか洋服とか置いとって。そん頃は水着ってなかったですもん。昔のスリップですたい。木綿のパンツばはいてですね、そして川に飛び込みよったっです。雨が降れば濁流ですよ。赤濁りしとっとです。そこば泳いでですね。潜る練習もしよった。一番深いところは耳がジーンとしてですね。橋から飛びこんだりもしよった。親は、こげんして遊ぶとは知らんかったやろう。私は特にお転婆だった。こげんして遊びよっとば、昔は上級生が見守っとったね。その頃は、川で泳いで事故があったって覚えはない。死ぬということもなかった。川で遊ぶのは楽しかったね」

この川に大鰻がいることも教えてくれた。

「産廃の話を最初聞いたときはびっくりした。湯出の婦人会の総会に下田保富さんに来てもらって、話をしてもらった。そのときの婦人会の人たちの意見は、『そら反対せんば。そんなのは絶対作らせたらいかん』て。

産廃のことがあるから、この頃特に思うけど、湯出はこのままでよかて思うとです。生活できたらそれでよか。自分たちで辛抱してですね、贅沢は望まない。隣近所助けあって

湯出川と温泉街

ですね」

帰りの挨拶をして玄関に向かうとき、「この階段、降りてみたいです」と独り言のように言うと、「下には九十八になる主人の母がいるとよ」と言われた。亡くなったご主人のお母さんと二人で暮らしているのだ。

玄関を出るとき、ほのかに湯の香りがたちこめてくるような気持ちになった。

「だれやみ」の湯

川野剛一先生のお宅の庭に立った。

「これは、どういう景色だろう」

つい、感嘆の声がこぼれた。湯出温泉を包みこむ山々の裾野が、先生の庭に降りてきて、庭の一部となっている。そう思えるのだった。

川野先生は湯出地区の自治会長をされており、かつては主に水俣の学校の校長などを歴任された。私は以前、先生が袋の小学校の校長をされているときにお会いしたことがあったが、先日、下田さんから、湯出に前田安男先生という郷土史に詳しい方がおられ、その方の遺稿を川野先生がまとめておられると聞き、お訪ねしたのだった。

「先生は湯出のお生まれですか。何年頃のお生まれでしょう」

「私はね、昭和十三年生まれですよ。丸島生まれです。家は時計屋でした。その頃の丸島は、チッソが一番よかときでしょ。チッソに勤めている人が多かった。生活的には、よかったと思うよね。ところが戦争になって、焼夷弾が落ちるからって、一軒ごとに間引きて言うか、家を崩されたってですよ。一軒ごとにですね。焼夷弾が落ちたら全部に燃え広がるから、だから隣を一軒ずつあけるため壊されたってですよ。うちも、それに当たって米ノ津（鹿児島県出水）に疎開した。

疎開する前、焼夷弾とかが田んぼにも落ちとったですよ。その後は水溜りになってね。そこにフナなんかが棲んで、それを釣ったりしよったけどね。

悲惨なこともありましたよ。焼夷弾とか、爆弾が落ちてですね。たまたま家の前のばあちゃんが防空壕に逃げきらず、そこに落ちてね。その後、髪の毛や肉のついたのが屋根についとったってです。チッソは国営企業のようなものだったから、この辺をねらってきたんでしょうね。

私が湯出に来たのは、ここ（平野屋旅館）の娘と結婚したからです。ここも男兄弟がおるんだけど、よそに出てしまっとるもんだから。後を継ぐもんがおらんかったわけです。いまは家内が具合が悪くなって、もう、やり切らんということで、やめています。平野屋は、親父の親父がやりはじめた。湯出では、諸国やというのと、うちあたりが一番古いんですよ。

私は鹿児島大学で、ここの家の姪や甥に勉強を教えに来よったです。大学時代のアルバイトですよ。袋の方にも教えに行きよったです。郵便局長の家なんかにですね。科目は数学です」

ここまで聞いて、「前田先生はご親戚ですか」と尋ねると、

「前田は家内の父です。父は市の名誉市民でもありました。歴史とか好きやったですもん。郷土史とか植物とか詳しかった。だから湯出の歴史も調べてました」

それをまとめて冊子にされたのが川野先生だった。

「学校勤めは、退職まで、天草に三年。水俣市内は小、中、あちこちですね。湯出中学のときは、学校林は、うちの裏山に。私たちのときは大きくなっていたから、PTAのなかに学校林委員ていうのがあった。みんなで世話して、それを売って、学校の何の足しにしようかって、そういう話で持ちきり。湯出小学校の校舎はヒノキを使っていたから、糠雑巾で拭いたら光りよったですよ。

久木野中学にも勤めたってですが、昔は雪の降りよったでしょう。同じ水俣だったけど、久木野小学校に泊まったこともあったんですよ。

昔は山の仕事をする人が多かったですね。私たちの年代はね。いま、やまめの養殖をしとる人なんかも、昔は山仕事だったんですよ」

湯出川の流れの中に１羽の鳥がいた

そう言えば、先生の家の前の山の方でやまめの養殖をされていたのを思いだした。

「先生は、今度の産廃処分場計画はどう思われますか」

「あれができれば困るですね。みんな関心があるんですよ。だからぜひ、あれは作らせないように。ところが、あそこの土地で地籍調査をしてるでしょう。この前なんか、あの土地のなかに国有の土地があるとかなんとか。むこうが即刻やめると言ってくれるといいんだけど。この問題が解決するには、相当かかるかなあ。だんだん人の気持ちも薄らいでくるんじゃないかと心配ですね。

湯出は、こんまま『だれやみの湯』で良かて思うとっとです。昔はですね、家内がしていた平野屋旅館は、天草や八代、宇土、大牟田などからの自炊客が多く、私たちの部屋まで空けてやったこともありました。時代の流れも変わってきましたけど、それほど多くの観光客相手というより、漁師さんとか、農業している人が、その体を癒すために、長い間、泊まってくれるような。それがいいんじゃないかと。

時代の流れも変わって、私の思いも難しいかもしれませんが、宿泊代もそんな高くとらんで、棚田組合の野菜も仕入れて旅館で使ってくれる、そんなシステムができればいい。そんなふうに思うとっとです」

お話を聞き外に出ると、川野家には例の裏山から柔らかな風が吹いてきた。川野先生の思いを包みこんでくれるようだった。

＊だれやみ……疲れを取る。疲れをとる晩酌の意味も。

夏の夜の「山潮」

湯出で能「不知火」のＶＴＲの上映をしたいという話があったとき、少し不安を感じた。能「不知火」の心で産廃問題を考えようというのが「本願の会」の人たちの思いであったのだが、そのことが湯出の人々にどのように映るのか。、私は想像できないでいた。ともかく、事の成り行きに付き合おうと、湯出の上映会の実行委員会に参加することにした。

「本願の会」では、この上映会を前に温泉センターで、東京都西多摩郡日の出町の廃棄物処分場のことを扱った映画「水からの速達」（西山正啓監督）も上映。これを見た人々の間から、ため息のように、処分場への不安が噴出することになった。

さて、上映は暑さがグングンと増してきた七月十七日に行われることになった。一週間ほど前、例によって大森の下田保富さんの家に立ちよった。

「下田さん、能の上映会、どげんふうでしょうかね。集まるでしょうか」

「うーん、どぎゃんかな。ちょうど湯の児じゃ花火のあるでしょうが。チラシはみんな配ってきたっぱい」

いつも、この下田さんのあっけらかんとした返答に救われる。

上映会の準備は、湯出小・中学校の体育館で行われた。一年で一番の暑さを迎える時期、体育館には氷の塊や氷柱が用意された。「本願の会」を中心とするスタッフは全員で二十人位だったろうか。スタッフ全員が「不知火」と書かれたTシャツを着る。会場は前列がゴザで、後列が椅子ということにした。

胎児性患者の「ほっとはうす」のメンバーが到着したのは、もう夏の陽がかげりはじめた頃だった。この体育館は入り口の階段が急で、障がいを持った人たちの車椅子はスタッフで「ヨイショ」と持ち上げねばならなかった。「本願の会」の石牟礼道子さんも同じように、みんなに抱え上げられ、前列の椅子に座る。

湯出の山々が黒く色を変え、人々が早い夕餉をすませて体育館に集まってきたのを合図に、会は始まった。

主催者の挨拶の後、石牟礼道子さんが、なぜ、水俣で能「不知火」を上演し、また今回、湯出での上映になったかを話しはじめた。

「どうしてこんな世のなかになったのかと、いつも考えています。こんなはずではなかった。人間は、もっと世のなかを清らかにしたい。世のなかが平和でありますように。心豊かになるような世のなかにしたいと、みなさん考えておられる。私は、そのなかでも今一番真剣に人間の行く末を考えているのは、ほかならぬ水俣病になられた方々ではないかと思うのです。その方たちが今切実に、この産廃処分場の建設について心配しておられます。

胎児性の患者さんたち、また、例えば杉本栄子さんという人がいます。この人は病苦と迫害を改めて我が身に引き直し、『守護神にして磨く』と言われます。ただならぬ覚悟です。これまで、どういう日夜があり、不自由極まる身体で人の行けない道を来られたことか。彼女が背負い直すという守護神とは、並の守護神ではないでしょう。炎《ほ》むらを発している、自分の修羅であろうと。これまでの哲学や宗教になかった展開が、水俣で始まりました。

さらにまた、とんでもないことに、水俣川の最上流に南九州を視野に入れた産廃処分場ができようとしています。日本の産廃第一号である、水銀の惨禍が続いているこの水俣にです。何ということか。

私どもの水俣は、人類が二十一世紀をどう乗り越えられるか、そのことを問われる、神さまの試しの土地になりました。新作能『不知火』は、この地から、衰弱して行く日本列島を見ているうちに出来上がりました。海と陸の毒をさらえて死ぬ不知火姫も、弟常若《とこわか》も菩薩さまも、最後に出てくる古代中国の神様すべてに患者さんの面影が宿っています。

今水俣で起きていることは、これまでの人間が体験したことのなかった、とんでもないことですけど、この、あってはならない事態を何とか乗り切りたいと思っています。緒方正人さんがさっきおっしゃったように、せっかくこんな集まりをしていただいたからには、何とか阻止できるように。

また、闘うという言葉はあまり好きではありませんが、このあってはならない事態を何とか乗り切りたいと今は思っています。この、みなさまの力を借りて」

道子さんの言葉の先には、湯出の人たちに混ざって、東京、福岡、熊本から来られたという人たちの姿があった。

「特に、この湯出の方たちは大変だと思います。湯出の方に早く挨拶に伺わなければいけませんでしたけれど、患者さんたちが引き受けたとおっしゃっておられますので、よろしくお願いいたします」

若い頃、道子さんに「人間が声に出して『闘う』という言葉を使うときは、よっぽどのことがなければならない」と叱られたことがあったけれど、今になって、あのときの叱責の意味がわかるような気がする。道子さんが、はっきりと「患者について行く」、「闘う」

と宣言したのは、余程の思いがあったからに違いなかった。

夜が深まり、いよいよ能「不知火」のＶＴＲの上映が始まった。

どれくらいの時間が経った頃だろうか、体育館が何かに包まれたような気がしたかと思ったら、雨は雷を呼び、画面に映る能のお囃子も消え入りそうになった。

ふと、山潮(*)かもしれない、そう思った。

不知火姫と常若は命をかけて海の毒をさらい、今こそ水俣の山もかけ巡り、人々のいる、ここにも降りてきているのだ。目には見えない、死に人からの魂は、今、私たちの魂と重なりあっているのだと、そう思った。

＊山潮……土石流のこと

鈴虫の鳴くお宿

永野温泉の玄関をあがると、なぜだか懐かしい感じが拡がった。旅館のご主人である永野豊照さんからお話を聞いた。

「私の父は天草本渡出身、祖母もですたい。今でこそ陸続きのようなかっこうだけど、昔は長男以外は島外に出て、私の祖父はだいたい旭町のところで丸屋という旅館をしとったということですなあ。天草の人は、ハングリー精神というか、湯の児でも三笠屋とか平野屋とかは天草の出ですもん。

うちの父はですね、大阪に行って免許とってきたっです。そして町営のバスの運転手。今でこそ誰でも運転できるけど、その頃で言うなら飛行機のパイロットのようなもん。九州産交まで行って。バスも二台おったっです。チッソ関連の人が多かったけん。チッソ専用のバスの運転手もして、利用者も多かったですよ。

長野温泉の玄関先にある鳥の巣箱

私は市役所に勤めとったっですが、どうもこうも前は、この旅館も賑わいよった。一週間、十日て湯治に来るんです。出水や対岸の御所浦、牛深。もう正月なんか寝るところもなかごと。ご飯も自分でだったけん、地下には薪をためて置いたっです。家族も客も川の字になって寝てな。

今はあちこち、大型の温泉施設なんかができて客も少なくなったけれど、できるだけ湯出に足を運んでもらうごと、夏の「鈴虫祭り」に向けて鈴虫を飼ったりしよる。うちが湯出温泉で一番飼うとるよ」

そこまで話が進んだとき、薩摩大口出身だという豊照さんの奥さんが、とてもにこやかな笑顔でお茶を持ってきてくださった。下がられるとき、ふと、奥さんの後ろ姿を追いながら、隣の部屋に目がとまった。

電気がついていないその部屋は、暗くて、たぶん仏壇の灯明なのだろう、灯りがぼんやりとついていた。どこかで見たことのある感じだと思った。映画『千と千尋の神隠し』(宮崎駿監督)で見た湯屋の世界だと思った。

その暗闇は、目を凝らすと、とても懐かしい妖怪たちがひそんでいる。海を越え、山を越え、湯に入りに来た人たちと混じりあい、ふざけあう。その妖怪たちの息づく世界が、ここにはまだ残り続けていた。なぜだか心がふんわりと満ちてきて、ここの湯殿の様子を覗いてみたくなった。

願わくは、ハク(*)よ、竜の姿に変わって、この湯出の山々と人々を守ってはくれないものか。市長が交代し、市民が総力をあげて立ち向かえる日が来るように。

その暗闇の先に願いを込めた。

＊ハク……映画「千と千尋の神隠し」で主人公を助ける少年。実はコハク川という小川を司る神で、白竜に姿を変えることができる。

第三章

山に生きる

招川内の風景

招川内の杉山

招川内《まんば》

二〇〇五年末から二〇〇六年の初頭は、水俣の歴史に残る日々となった。

「水俣の命と水を守る会」は、その機動力で市内各地をまわり、説明会を開く。「水俣を憂える会」は発展的に「産廃はいらない！　みんなの会」となり、様々な調査活動に明け暮れていた。なかでも処分場建設後に運搬トラックの走ることになる平《ひら》町を、一〇トン車を借りあげて実際に走らせるなどのこともした。この平町にも、さらに産廃建設予定地に隣接する長崎地区にも、反対する会や産廃反対の団結小屋ができ、活発な活動が続いていた。

婦人層の大きな動きとしては、婦人会が県内の同じ組織に呼びかけながら、産廃反対運動に加わった。さらに、ＰＴＡなどの若いおかあさんたちの間でも独自に勉強会をするなど、市民の間に今までなかった動きが拡がって行った。これらは大きな流れとなって、翌年行われた市長選へと結んで行くことになる。

激しい選挙戦、そのさなかに湯出の山の方に広報車でまわって行きながら、ふと思った。この選挙戦で市民が本当に問うているのは、「産廃反対」と同時に、この山の人々のこれからの行く末ではないのか。ことに招川内という鹿児島県との県境の村では、ため息が漏れるように、山々の疲弊していく有様を聞くことになった。

水俣が抱える問題は、不知火海という母体の問題だけではなく、この海の源流にも及んでいると感じはじめた。

仕事を生み出した山々

さわさわと風の吹く、春の招川内に向かっていた。招川内は、湯出の村々のなかでも鹿児島県出水市に近い県境の村である。村の人に、「出水と水俣、どっちが近いですか」と聞くと、

「ちょうど真ん中なあ。ここから出水の駅までと水俣の駅（肥薩おれんじ鉄道）まで、ちょうど同じ時間かかる。昔は、この道を出水行きのバスが走っとったったいなあ」

そう言えば、湯出の永野温泉のご主人の話も思い出した。

「一昔前までは、薩摩からの客が多かったばい」

招川内の村をまだ先に登って行くと、「矢筈登山入り口」という看板が見える。矢筈岳は、出水、水俣、大口を合わせても最も高い山。出水側から登り、招川内に出た登山者は、湯出温泉を楽しみにその先をくだって行く。昔は交通の要衝でもあった。『水俣市史』に

よると、肥薩間の古代交通路として、このように記述している。

薩摩に行くには、陣の坂を越える海辺通り、「むじな谷」を越える中道通り、頭石を経由する上場通りの3号線がある。いずれも野坂の名を残した。

「野坂」、その意味を知らずにいた。野坂とは、梯形台地が想像される。急坂を上がると、頂上には平坦な道路が十町も二十町も続き、野道を成している。上りに急坂があると「下り野坂」という。だらだら坂は野坂ではない。野坂とは、野に行く坂という意味があるらしい、と記述がある。

海辺通りは陣の坂を越え、海沿いに行く。中道通り（湯出越え）、南福寺の高校下に旧道の分岐点があり、左側に辻堂が残っているが、この村道が薩摩行き中道の起点であったとある。

村道は湯出川の右岸を遡り、大森の新屋敷付近で現在の県道湯出線へ渡り、むじな谷に沿って坂道を上ると茂川《もがわ》盆地の北辺に着く。野道は高原を南に行き、矢筈岳を左にまわり、招川内を経て出水に出た。

湯出地域には野坂が多いとあるが、これが現代、この地が産廃の巨大埋立地として浮かびあがってきた所以《ゆえん》かもしれなかった。古代からの交通の要衝であったということ。それはまた、時代ごとの歴史の動きにも深い関わりを持ちながら歩んできたということでもあった。

四方を山に囲まれた村のこと、もちろん暮らしをたてる術は山仕事であった。山持ちの家は、その木を売って生計をたてる。山持ちの家に働きに行く人は、山の管理、木材の伐採、材木を製材所に持って行く「だしごろ」の手伝い。昔は木の切り出しには牛馬が使われていたのだと、この村の古老から聞いた。

「山から木を出すと、今度は馬で材木を運びよった。昔からこの村は行商の人が多かったもんなあ。戦後、鰯のとれる頃はなあ、出水からトロ箱いっぱい鰯ば持ってきよらしたけん、その鰯ば塩漬けして、なごう食べとったなあ。

そうそう、うちの息子は百間の日の出製材所、あそこに行っては帰りに港で蛸をとってきたりしよったってすたい。水俣病のことはよう知らんばってん、この辺のもんも関係なかわけじゃなかとなあ」

水俣病が公式確認された昭和二十年代から三十年代を経て、水俣湾では漁をする人たちが激減。その歴史を追うように、水俣の山々では材木で生計をたてる人たちが影をひそめるようになって行った。

招川内の民家にて

山の仕事は、やっぱりよか

「山仕事は時期があっとですよ」

招川内の勝目国彦さんの話は気持ちよく進んだ。

二〇〇六年二月、産廃処分場反対を公約に新しい市長が当選した。私は、この選挙戦のさなかに招川内に宣伝してまわったときのことを思い出していた。

招川内は山で暮らしてきたと聞き、ずっと、どんなふうに暮らしてきたのかを聞きたいと思っていた。

「夏場は下草刈りをしなければいけない。夏場に間伐すると皮が剝げますから。三月頃から水を吸い込むようになっとっとです。成長期になったら、木と皮の間ば水がのぼっとです。木も人間の体と一緒。成長期は春から夏にかけて大きくなるけんですね。冬はシーンとして静かになるけん。だから九月頃から切りはじめ、二月の終わりまで間伐をする。そのとき切った木は虫がつかない。三月から夏場に切った木は、すぐに虫が入る。自分で試してみたらわかるとです。

昔ん人は冬、寒かときに切った木しか使うなって、言いよらした。杉の木でも、まわりにグルーっと傷を入れるでしょう。前からシューと剝げば、三月以降はきれいに皮が剝げる。木の間を水が入って、それで水分の層ができるからきれいに剝げるんですよ。水分が入らなくなればピタリとくっつく。

昔ね、一町歩四、五百万円で売買されてましたから、その当時は山持ち分限者ていうて、山村をたくさん所有しとれば蔵が建つと言われとった。自分は少し、山があっとです。でも、間伐してくれと言われれば、その手伝いもする。そういう立場です。

招川内の人は、自分の山は自分が主になって仕事しよらした。農業する傍らね。自分のところがない人は、よそに行って日雇いで一日七、八千円、遠くまで行く人は一万二千円とか。でも、材木が売れないと金が入ってこない。今は材木が売れないけんですね。

今は離れてしもとるけど、山の仕事は、やっぱりよかとね。健康には山仕事が最適。間伐するには木を登らないかんとですよ。でっかい木を倒すときには、ロープをしとって、やっぱ、そういうとき体力を使わないかん。命綱を持って、自分で自分の体力で登って。ロープは自分の体で持って行かんばですね。釣り糸んごたるロープば持って行って、上から重しをストーンと落としてやれば、それにロープば、きびってやらすけん。

結局、体力ば使う。体力ば使うということは腹が減るけん、ご飯がおいしい。目にもよか。杉山、檜山はですね。雑木山に登った方が良かです。でっかい木のあたりに行って飯食えば、体の血液の流れが変わるごたる。ただ、杉山なんかにおれば、風が吹けば黄色かとがパーッと。私は負けはしないけど、やっぱり鼻がかぶるっと。

産廃のことはいろいろ心配なあ。今の話じゃなかばってん、できない方がよか。愛知県におったとき処分場の近くに住んどって、見てるけん。風が吹けばゴミは飛んでくるわ、近所の大迷惑ですよ。せっかく山の空気のよかとこにおるけん、このままがよかですよ」

山では食えんごとなった

チッソが来る前の水俣は、木材と塩のまちだったと聞いていた。

「昔は山仕事の稼ぎで食べて行けたったいなあ、平成六年頃までは」

と勝目国彦さんの話が続いた。

「阪神淡路大震災のあと、コロッと山は駄目になった。あのとき昔造りしとった家は、ことごとく潰れてしまった。うちも東灘区というところにおったですよ。そこら辺は全部潰れてしまった。結局、屋根が重たくて、地震には不向きだった。そして、だいぶ亡くなったもんね。それから地震に耐える構造を求められるようになった。

家も傾いたけん。水俣はもう、共栄、日の出さん、橋口さん、いっぱい製材所があったけど、ことごとく売れなくなった。

それでも木材市場に出して、四角か紙に、今日は俺が一リュウベ（立方メートル）一万円で買うとか、一番高く買う人に落札。自分が出した木が売れなければ、低価格で処分。例えば、『トラック一台三万円じゃが、処分して良かんなあ。それとも持って帰るかなあ』って言わって、『売れんとば持って帰ったっちゃどげんしようもなか。ちょっとでもお金になるなら処分してくれんな』って。

そういうのを正式名称で「不落」ていうとです。落札に落ちなかった、っていう、そういう木材。売れなかったということは、何も役に立たなかったという烙印を押されるわけですから、もう、そういうものは叩き売りなんです。大型トラック一台に三百本位やから、一本百円位しかなか。もう叩き売りというふうで、そうなると間伐もせんごとなって。だんだん渋ってくってでなあ。金にならん仕事は。

木材市場は津奈木にあっとです。そこで入札。木材はすべて入札制度で売買される。平成六年から値段がグーッと落ちて。木材がだぶつくと、価格が落ちるんですよね。買う人が、十本買ってたところが七本しかいらんとだけん。

私は三年前からやらんごとなった。採算が合わんとですよ。人夫を雇ってやっていたから、人夫さんもお金払わにゃいかん。どこから払うかというとき、銀行さんに借りて返すということになって来ると、だんだん返済が滞ってくれば銀行さんも貸さなくなりますから。まあ、そういう悪い巡り合わせになったのが、もう五年位になるかなあ。

下草刈り、間伐……木がずっと立っていると、木の枝が差しかぶって暗くなってくっとですね。暗くなったら下に何も草が生えなくなるんですよ。そうなると表面は水が流れてしまうとです。栄養分も流れてしまう。そして土も流れてしまうとです。そればせんため、間の木をまぶいてやる。日の光が入らないと、また、下草が生えないと、木は育たないいんです。緑の堤防の役目もするわけです。大雨が降っても流れませんからね」

素人が見ても、山の姿はよくわからない。もともと山がどんなふうであったかは、ここで生まれ、育ち、山で仕事をした人たちにしかわからないのだと思った。

猪の嫁入り

何の用事で招川内を通りかかったのか思い出そうとするのだけれど、どうしても思い出すことができない。季節は秋。秋の昼下がりのことだったような気がする。招川内へ行く坂を上って行くと、犬を連れて散歩している人に出会った。その様子が何だか普通と違う感じがして立ち止まった。

犬は大きな頭をこちらに向けて、車の方を見た。犬と思い込んでいたその顔を見て驚いた。そこには大きな鼻がついていて、鼻には明らかに犬の二倍はある穴があいていた。連れて歩いている人に「猪ですね？」と聞くと、

「そぎゃんたい。散歩させよっと」

「はあ、猪にも散歩があっとですね」

「おとなしっかばい」と、その子を見て話しかけるように言われた。そして車から離れ、

ゆっくり湯出温泉の方に歩いて行ってしまった。

その日から、どれくらいの時間が過ぎただろうか。猪のことはすっかり忘れていた。縁というのは不思議なもので、下田保冨さんのお知り合いの勝目さんという、おじいちゃんの家を訪ねることがあった。犬が吠えるので入り口のところを見ると、犬の横に猪が飼われていた。おじいちゃんに、「あの猪は？」と聞くと、「あれは息子が飼うとると」と言われる。

昼近くになって、おいとましようと、また猪のいる入り口近くに行くと、国彦さんが立っていた。「あれ？」と心のなかでつぶやいた。「いつか、この猪と散歩してなかったですか」と言うと、国彦さんは、「いつんことな。この猪じゃなかろうな。嫁に行った子かもなあ」と懐かしむように言った。

「猪は休猟のときは捕まえず保護する。種族を絶やさないためな。だから、ここどここじゃ捕ったら駄目と。時間帯もありますよ。うちにおった猪は、下の川に泳いで帰ってきよった。散歩に行ったらついてきよったけん。ところがお嫁に行ったもんなあ」

国彦さんは本当に自分の娘のことを懐かしむように言葉を繋いだ。

「雄の猪が迎えに来たけん。人間もそうですけど、生理がはじまると四里四方まで臭いが伝わって、散歩に連れて行けば向かいの山がガサガサ、ガサガサやりよった。ある日の夕方、ガサガサやって、いっとき立ち止まって、こっちば見とったけど、さーっと山さん入って行きよった。一週間位は寝床はそのままにしとったが、一回だけ戻った気配があったけど、戻ってこなかった」

この話を聞いてよかったと思った。嫁に行った猪の幸せを願った。

近年、猪を巡っては水俣のあちこちで悲鳴のような苦情が続いていた。

「うちのカライモ、去年は植えていたのを一晩で食べられたっですよ」

国彦さんにそう言うと、

「昔は里にはあんまり行かんかったじゃがなあ。山に食べもんがなかっじゃろうなあ。猪なんかが人里に出てくっとは、人間のせいですもんね。木の実がなる雑木林なんかが伐採されて、椎の実とか、どんぐりの実とかがなくなって、食べるもんがないもんだけん。猪は肉から何から食べる雑食だもんね。袋あたりは開発も進んどるしな」

開発の進んだ水俣の海岸部、袋。ここでは親子で食べ物を求めて徘徊する様子をよく見かけた。開発された団地の横をトボトボと歩いて行く猪の親子を思った。

猪を食べ、猪に畑のものを食べられ、猪を娘のようにもかわいがる。そんな山の人々の暮らしは、長い長い年月続いてきたのだと思った。

雪のなかの選挙戦

起きてみると、水俣には珍しく畑一面が銀世界だった。

この数日、「水俣の命と水を守る会」の宣伝カーが湯出の奥、招川内にも盛んにまわってくるようになった。水俣市長選の投票まで数日というある日、「産廃処分場反対」を鮮明に打ち出した宮本勝彬《かつあき》候補の後援会では、週に一度位の頻度で、水俣市全域にチラシ配りを行っていた。

自民党出身で産廃処分場建設に「中立」の立場をとる現市長と、あくまで住民の反対運動で業者を撤退まで追い込もうという宮本候補の陣営。水俣市議会の議員の数は二十二名。ちょうど半分ずつの議員が両陣営を支えていた。産廃処分場反対を唱える宮本候補は元教育長。国語の教師として市内の学校で教鞭をとった。ことに野球部の顧問として熱血指導にあたったという経歴の持ち主だった。

宮本先生が市長選候補を引き受けてくれるまでの道乗りは、決して簡単なものではなかった。政治畑に無縁だった先生が意志を固められたのは、やはり、この降りかかってきた水俣の一大事が心を動かしたからに違いなかった。

後に選挙事務所に手伝いに来ていた教え子の一人と話したことがあった。

「先生がこの選挙で傷つかんやろうかて、それが一番心配」

雪のなかのチラシ配りで、一面に広がる白い世界に足跡をつけて行きながら、何度もこの教え子さんの言葉を思い出した。その先生への思いは、故郷水俣への思いと重なっているのかもしれない。

「『故郷の自然を守る』、『水俣の水を守る』、『水俣病の悲劇を繰り返さない』、その思いは、この選挙に勝つことでしか繋いで行くことができないんだ」

宮本候補の選挙カーは、教え子の声を乗せて走りに走った。まるで白銀世界にこだまするように、水俣中をかけ巡った。

告示から一週間。教え子さんたちの「鶯」の声は、宮本先生の声と重なり合いながら、ますます美しく澄んで行き、水俣の人たちの心を揺さぶって行った。海辺の村々でも、山手の人々も、ことに湯出地域の人たちの歓迎ぶりは今までにないものだった。

夜は各地域での個人演説会を行う。会はどこも超満員で、演説者全員の演説が今までにもなく熱気を帯びたものだった。

会の最後には必ず教え子さんたちが立ち上がり、「故郷」の大合唱を行った。鶯のなかでも一番元気なゆきちゃんが、

「ゆーめーは、いーまーも、めーぐーりーて、忘れがたき故郷」

とかすれてしまった声で歌い出すと、集まった人のなかには、すすり泣く人さえあった。

傷ついた「水俣」の人々の心が今、一つになっているのかもしれなかった。そして、この切ない声の先に、きっと何かが生まれてくる。そんなふうに感じるのだった。

市長選投票の日

選挙戦最後の夜、宮本陣営の選挙カーが選挙事務所に帰ってきた。事務所にいる人々の拍手が続く。そのなかを教え子のゆきちゃんが降りてきた。この何日間、いつも元気だったのに、今日は様子が違っていた。もう、すべてのエネルギーを今日という日を終着に使い果たしたかのように、いや、使い果たした以上の何かが、彼女の体から力を吸い取ってしまったかのようだった。「命を賭ける」と政治家がよく演説で使う言葉だけれど、目の前のゆきちゃんは声も出ず、体を丸めて、ただうずくまっていた。「呼吸が苦しくて」と胸を抱えていた。

そのゆきちゃんの姿を思い浮かべながら、私は投票の日を迎えた。誰もが「やるだけのことはやった」と空を見上げてつぶやいた。後は天に任せるしかないのだ。

投票日の夜、人々が宮本陣営の事務所に集まってきた。後援会組織「水俣の元気を作る会」の代表は下田保冨さんだった。保冨さんは投票日の数日前に体調を崩していたが、この日は何とか選挙事務所に駆けつけていた。

夜八時、開票の時刻になってくる。きっと祈りは通じるに違いない。そう思いながらも不安は募る。選挙事務所に集まった人々から、「もし負けたら、水俣を出らんばん」、そんな声が聞こえてきた。

三十分ごとの開票の知らせ。集まった人々で事務所はいっぱいになっていた。じりじりと、その瞬間を待つ。そして「当選」。

事務所の人々から深い安堵の声と、次にはすすり泣く声も聞こえてきた。「水の会」の代表・坂本ミサ子さん、世話人の女性たち、みんな肩を寄せあうように泣いていた。

さあ、お祝いの宴をと、外のテントの横には焚き火がたかれ、次から次に人々が集まってきては、誰彼なしに抱き合って喜んだ。

関東方面から駆けつけてくれていた宮本先生の同窓生の方たち、教え子、市民連合のメンバー、「本願の会」の人々も駆けつけてきて、「先生、よかったなあ、水俣が命びろいしたなあ」と何度も繰り返した。

人々の祝宴を耳に、空を見上げてみた。星を見ようと目を開けるのだけれど、次々に涙がこみ上げてきて、星を見つけることはできなかった。

陽炎

夏のはじめ、招川内に用事で出かけた。海沿いの袋からおよそ三十分。その行程が、やけに長く感じる。梅雨が開け、昼前の温度は鰻のぼりに上がっている。頭がクラクラするような日差しが目の前にあった。

不思議なことに、あの寒かった市長選の投票日が思い出された。事務所の横で燃え続けていた焚き火。市長に抱きつく人々。

「市長、よかったなあ、水俣が命拾いした」

三カ月も前の、あの日のことを思い出していた。

訪ねた先のご夫婦はおられず、車に戻ると、ちょうど畑に行く近所の方に出会った。

「おじさんたちは、どこか行きなったでしょうか」

「あー、あそこはこの上に畑があるけん、上がってみんな」

招川内の段々畑

指差された方に向けて、また坂を登って行く。見渡すと、道の右側にまた道があった。

その道の入り口から山の方を見ると、想像もしなかった段々畑が続いていた。道の脇の柿の木に寄りかかって、その様子を眺める。夏の日差しは容赦なく畑の隅々を照らしていた。照り続ける畑に向かい、働き続けるこの村の人々のことを思った。

招川内に住んでいたという、おばさんの話が蘇る。

「昔は家族の多かったけん、ふとか三升釜でご飯炊いて、朝ご飯に昼ご飯、弁当もでしょう。

洗濯したかと思えば、たかんばっちょ（竹の皮で作った編み笠）被って、今度は田んぼ。田植えも昔は苗からしよったけんね。きつさもきつさ。家畜もおったけん。牛の餌やり、子どもの世話、年寄りの世話もあったでなあ。肥やしかついで、こげん坂ば登って行きよったけん」

正午に近づいてきたのか、寄りかかっていた木には影がなくなり、ジリジリとした日差しが足元を照らし出した。

おじさんたちはどこにいるんだろう。「おおい」と一度だけ名前を呼んでみた。どこに行ってしまったんだろう。どこにも、その姿は見えない。

この地に生きるため、人々は畑を作る。田んぼを作るため、石を運び、石垣も積み上げた。水の湧くところから水を引いてくる。田植え、草取り、ひえ取り、このような暑い日も山を登り、田んぼにつかる。営々と続いてきた人々の幻が、とろけるような日差しのなかで、ゆらりゆらり浮かんでいた。

煙のなかで食べた餅

今晩は木臼野の公民館で「水の会」主催の集まりがあるという日。とっぷりと陽は沈み、一人で行く山道は心細いような感じだった。

そう、あの日も冬の入り口のこんな日だった。木臼野に行くまでに長崎という村があるのだけれど、そこの村にお呼ばれに行き、一人だけ帰ることになった。急ぎの会議でお暇をすることになり、車を袋の方向に向け走った。

間違いなく帰路に向け、車が走っているはずだったのに、車はどこかに連れ去られ、気がつくと二十分位走っただろうか、お呼ばれした家の前に戻ってきていた。「狐につままれた」と思った。

今日はそんなことがあっては集まりに遅れてしまうと、用心深く車を走らせた。木作りの「木臼野公民館」という表札を見たときは、ホッとした。

公民館のなかに入ると、下田さんがほかの世話人と一緒にもう駆けつけていた。下田さんは、部屋の真ん中にある囲炉裏《いろり》の横に座っていた。「珍しか囲炉裏があるんですね」と誰かが言うと、下田さんは「これが、なかなか火のつかんとたいなあ」と言って、ふーふーと息を吹きかけた。煙ばかりがたちこめてきて、公民館は薄紫の世界になってしまった。時計は午後七時半を過ぎていた。

「まあ、ちょっとぬくもらんばってん、始めましょうかね」

進行役の人が頭をかきながら、そう言った。その晩は村の人は少なく、世話人と同じくらいの数であった。

会は進み、「それでは何か質問がありますか」と進行役の人が尋ねると、待ってましたとばかり、初老の男性が堰を切ったように、まくしたてた。

「あんたどん達は反対反対て言うばってん、水俣は仕事もなか。若いもんも帰ってきたくても帰れん。反対て言うとは簡単ばってん……」

いつもの「水の会」の集まりでは、こんなふうにまくしたてる人はいなかったので、みんな答えようとするのだけれど、かみ合わないまま閉会ということになってしまった。

少し冷えこんできた公民館には、相変わらず火よりも煙が多い囲炉裏がくすぶっている。「さっきの話、どげん思うかな」と、世話人で囲炉裏を囲み話していると、突然、公民館の戸を開けて村の人が入ってきた。

「ほら、餅でも焼いて、かまんかなあ」

村人は醤油の入った小皿と箸も持ってきてくれた。さっそく下田さんが、餅を焼くため火をおこしはじめた。下田さんは懸命に火をおこす。やっと餅はふくれてきて、食べられるようになった。

「仕事のなかけんっていうて、処分場はいかんですよね」

「そうそう、処分場で雇用ていうても、ほんのわずかじゃってな」

口々に話しはじめた。でも、山々の人たちが食べて行くには、この先どんなことができるのだろうか。仮に、この処分場が建設中止になったとしても、果たしてこの先、希望を持てることがあるのだろうか。

小皿にのった餅は少し焦げていた。口にほおばると固かったけれど、おいしいと思った。気がつくと、囲炉裏の火は小さくなり、相変わらず煙が私たちをすっぽりと覆い続けていた。

第四章

慈悲なる地

頭石釈迦堂

頭石（地名由来の石）

頭《かぐめ》石《いし》

二〇〇六年二月二十二日、宮本市長が当選。その後、産業廃棄物最終処分場庁内対策委員会が設置され、四月一日には産廃対策室が設置。文字通り市民一丸となる体制を実現することができた。六月五日には「産廃阻止！　水俣市民会議」（五十二団体が加入）が発足。県内外の著名人などの応援もあり、八月一日には小池百合子環境大臣のこの問題への憂慮発言を導き出した。さらに水質、土壌、稀少生物など、あらゆる分野で市民あげての調査活動が活発に行われた。

そんななか、二〇〇七年三月十一日に、業者による一回目の環境影響評価準備書説明会が開催され、五月には二回目の業者説明会が行われたが、このときは準備書の各論に入る前に、業者の方が不当にも説明会を終了させてしまった。

明けて一月には県主催の公聴会が開かれる。住民説明会での業者の理不尽なやり方に怒りを持ったまま年を越した水俣市民にとって、公聴会は思いのたけを発言できる最後の機会であった。

思い返せば、環境影響評価準備書説明会での業者とのやりとりは、たった一点だけ。「水」を巡る論争で業者は立ち往生となってしまっていた。

この水を巡る論争の背景となった、湯出三十二カ所に及ぶ湧き水の上流に、まさに「頭石」はあった。

平家の落人伝説を持つこの村は、古来、姿を変えずこの地にあった。水があり、土があり、山の澄んだ空気、そして光がある。水俣病に苦しんだ水俣市民が、何を求めてこの産廃問題を闘ったのか。何を守ろうとしたのか。その意味を内包している「村」に違いなかった。

頭石釈迦堂物語

文治元年、壇ノ浦の戦いに敗れた平氏一族は、主に九州山地の中央付近に安住の地を求めた。九州山地が西の海岸近くまで張り出している秀麗の山、矢筈岳を見て上陸を決意。その一行のなかには、大百足退治《おおむかで》で有名な俵藤太《たわらとうた》の姿もあった。水俣袋湾に上陸した一行は、東南の方向を目指す。長崎台地を経て苦水《にがみず》、木臼野に到着。その後一行は肥薩の県境、現在の出水市大川内方面を住家としていたが、二年ほど源氏の追っ手が来なかった。

頭領の秀郷《ひでさと》公は、ある日、踏破してきた鬼岳山麓に向かって進むことを決めた。本流には、山あいから幾本もの川が流れこみ、川の周辺には農地に適する場所も多く、東西に波打つ山脈に目を奪われて、この地に一族の命運を賭けることにした。秀郷公の館は村の中央の小高いところ、現在の釈迦堂の横と決定。そして釈迦堂の建設にとりかかった。

お釈迦さまは藤原氏が家宝としていたものを、平氏の都落ちとともに同道を願ったもの。

一同は、裏山から木を切り出す者、土地を開く者、手分けして工事は進んだ。

ある者が川岸から、五メートルに達する二個の大石を見つけ、日本にもまれなる自然現象であるとして、この地の名前をこう提案した。

「頭領、京都の大原地方では、頭の上にものがあることを『かぐめる』という。『頭石』ではいかがでしょう」

一同は大賛成した。これが頭石の誕生であった。

この伝説を知ったのは、ある日、偶然にお会いした、湯出温泉に住む柏木優さんからだった。ご本人がまとめられた『頭石釈迦堂物語』によるものである。

柏木さんに会った頃、湯出は紅葉の季節。川向こうの温泉神社のもみじをひとめ見たいと思ったけれど、この著書に惹かれ湯出温泉の先に行きたくなっていた。流合橋を左に折れると、頭石に続く山道。はじめは人家や小屋が見えてくるが、しばらく走り続ける。この先に村があるのだろうか。村などないに違いないと人々は思うはずだ。

ここ頭石こそ、下田保富さんが語る水俣の源流の一つ。この物語の真実は知る人ぞ知ることであろうが、湯出の人々のこの地への思いは深く、幻の先人への思いは尽きぬのだと思えた。

村の入り口で出会った人に、「釈迦堂はどこにあるのですか」と尋ねると、「あと六〇〇

釈迦堂の仏さま

メートルほど行ったところを左に折れたところにあるけん、行ってみらんかなあ」と言われ、そのとおりに行くと釈迦堂への上り道があった。階段を上がろうとして足元を見ると、どこから舞いおりてきたのか、もみじの赤い葉っぱが転がってくる。

釈迦堂の中は薄暗かった。お堂には、左側には川の漁具か網のようなものが置いてあり、正面には二体の仏さまがあった。そのお顔はとても素朴で、柔和な感じがした。さっき会った村の人にも似ているような。

「頭石なあ、何もなかっぱい」

そう言われたので「そうですか」と答えてしまったけれど、何かがあったからこそ、ここに住み続けたに違いない。そう思いながら仏さまの顔を見つめる。暗い釈迦堂に灯明を立て、置かれていた数珠でおまいりをした。

もしも言い伝えのとおり、この村の始まりが釈迦堂を中心にして、ここからであるとすれば、何と長い時間、人々はこの釈迦堂で日々の苦しみを悲しみを和らげてきたことだろうか。

天気は良くなったとはいえ、この二、三日は急に冷え込んでいた。釈迦堂のなかにも枯葉が風に舞ってきて、カサカサと音をたてた。風に押されるように外に出て、今は子どもたちの遊び場になっている広場の先を見た。おそらく、この村の先祖の人々が山を開墾し、耕作地にしたに違いない。

広い台地の上に立ち、まわりに目をやる。それは想像を超えた景色であった。きれいに澄んだ空は、突きぬけるように、どこまでも広く大きかった。山々は重なりあい、この村を包みこむように暖かに感じられた。戦に破れ、悲嘆にくれた人々が、この地に釈迦堂を建てたのは、この山々に励まされたからに違いなかった。

そして、これらの山々から湧き出た水は、命にも代え難いものであった。

水俣病犠牲者慰霊式

五月一日、この日は水俣湾埋立地に多くの人々が集まり、水俣病犠牲者慰霊式が行われる。ここ数年、この式典ほど様々な人々の思惑のなかで行われる催しはないのではないかと感じていた。来賓には環境省の大臣や近隣選挙区の国会議員、県知事、水俣病被害地である新潟の知事なども出席。そして、当事者のチッソ。もちろん被害者、市民も多く出席していた。

一九九五年の政治解決以降、この地では水俣病被害者への救済はおよそ解決をみたということで、この式典も被害者への鎮魂という意味合いが強かった。

しかし、二〇〇四年十月、一九九五年の和解協議を受け入れず裁判を続けた関西訴訟は、最高裁で勝訴を勝ちとった。最高裁判決は国と熊本県の賠償責任を認めた。一九五二年の判断条件によらなくともメチル水銀被害者と認めることができると示したのだ。これが契機となり、再び不知火海一帯から被害者が名乗り出ることになった。この万に及ぶ新たな申請者は、この慰霊の日に、もちろん大きな波紋となって犠牲者慰霊の意味を問いかけることになった。

そして、もう一つが、水俣に降って湧いた巨大産廃処分場建設計画。これらは、まさに今なお水俣病問題が解決できない根本の問題を内包しているかのようだった。

式は進み、水俣湾を背に人々は水俣病慰霊の碑に黙禱する。そして被害者の言葉。

願わくは早急に水俣病補償から解放されたいチッソと、願わくは近く決まるであろう法律により、安価に被害者を取り込んでしまいたい国・県の思惑が渦巻くそのなかで、「カーン、カーン」と鐘の音が鳴り出す。様々な思いをかき消すような響きに、決まって涙がこみあげてくる。それは、ここに集まった人々も同じかも知れない。亡くなった家族や親戚、飼っていた猫や豚や、浮いていた魚、鳥たち、それらの魂へ寄り添うのだ。

埋立地を前に、私に二つの光景が蘇っていた。

二十年余り一緒に働いた胎児性患者の柳田みどりちゃん、その母親のたまこおばさんは、この埋立地がまだ海だった頃、貝に水銀の毒があるのも知らず、お腹にできたみどりちゃんに栄養がつくようにと一所懸命、貝を掘り、食べ続けた。みどりちゃんと働きはじめた頃、おばさんはこう言っていた。

「みどりちゃんは、私に来る毒を抱えてくれた命の恩人」

命の恩人は、寝ても覚めても割れるように痛む頭を持って、五十歳にもならぬ若さで他界した。亡くなる前の日は、とても明るい日差しのなかで稲刈りをしたのに。みどりちゃんは何も言わず、次の日の朝、冷たくなっていた。

「カーン、カーン」

ただ鐘は鳴り響く。

もう一つの光景。それは議会の視察で訪れた北海道函館の産廃処分場でのこと。

早朝五時半という時間に迎えに来てくれた、函館東山地区（三つの廃棄物問題を抱える地区）に住む築田敬子さんは、行政側の話は役に立たないと、現場に行くことを強烈に示唆した。十月といえど、北海道の朝は寒かった。

不法投棄の現場、産廃処分場から火災が起こったという場所、医療系廃棄物による肝炎の危険性、さらに水質汚染の問題。そして何より、この地区に立ち込める硫化水素。そのすべてが現在進行形であり、水質の調査、硫化水素の調査は日常的に行っているのだと話してくれた。処分場の恐怖が私のなかに染みこんできたのは、このときからだった。

三番目の処分場に来たとき、一人の男性と黒い犬の姿があった。築田さんはこう言った。

「あの走りまわっている犬が見えるでしょう」

埋め立てられてフカフカしている土の上を、黒い犬が走り回っていた。

「あの犬が硫化水素で突然死んでしまうことだってあるのよ」

背筋がゾクッとした。

ふと気がつくと人々の声。慰霊式は終わりに近づいていた。

「今日は来た甲斐があった。市長が産廃に反対してくれと、大臣や国の役人にも言うてくれたけんね。胸がスッとした」

ざわめきは、いつになく続いていた。ふと前を見ると、潮谷義子熊本県知事の姿があった。許可権を持つ熊本県知事。潮谷知事は若いときから水俣に縁があり、胎児性をはじめとする被害者とも深い親交があった。

彼女はきっと、みどりちゃんたちの魂に寄り添ってくれるはずだ。そう願わずにはいられなかった。

水俣病慰霊碑の鐘

このままでは帰せません

さっきまでの熱気が嘘のように、水俣市文化会館は静まりかえっていた。「水俣の命と水を守る会」の代表・坂本ミサ子さんと数名、主に女性ばかりが、文化会館の後ろの席からじっとステージの方を見入っていた。

この日、二〇〇七年五月十三日は、ＩＷＤ東亜熊本の環境影響評価準備書についての二回目の説明会の日であった。終始、業者ペースで進められた説明会は、「説明は充分させていただいた。今後は提出される意見書に対応させていただきたい」という言葉を最後に、打ち切りとなってしまった。

集まった八百人の水俣市民は、煮えきらぬ思いのまま会場を後にしていた。ステージの裏にも、会場の入り口にも、憤懣やるかたなく居残り続ける人々がいたが、さすがに三十分も社長が出てこなかったので、ほとんどの人が引き上げてしまった。

思い返せば「市民会議」のメンバーは、弁護士の馬奈木先生を中心に、この日のために綿密に質問事項の準備を重ね、練りに練り上げていたと聞いていたのに、それらのすべてに幕が下ろされてしまった。人間同士の肉声でのやりとりから、書面での世界へと移されて行くことになったのである。

「このままでは帰せない」

会場から出てくる社長を待ち続けていたのは坂本ミサ子さんだった。ミサ子さんの凜とした姿が、その意気込みの強さを物語っていた。

ミサ子さんは、この処分場問題があった当初から、相手を一人の人間と思い対峙してきた。だからこそ、このまま社長が帰ってしまうのは悔しさがひとしおだったに違いない。

私は用事があって帰らねばならなかったので、集会後の世話人会で「あの後、どうなりましたか」とミサ子さんに尋ねた。

「それがね、少しは耳に入ってると思うけど、大変だったのよ。会場から出てくる社長を待っていた人がいて、そこに社長の車が出てきてね。私が見たときは、大勢の人たちが車を取り囲むようにして大声で抗議しているようだった。文化会館を出てきた社長は、それを無視して車上の人となったんだけど、そのときの社長の姿がね、何だか人形のように私には見えましたよ。

そしたら警察官が四、五人来てるじゃないですか。ＩＷＤが通報したんだと思いました。そして、その警官がね、『何ごとですか』って言うから、『今日、産廃問題の説明会がありましてね、説明の残っているところはいつ説明するんですか、って尋ねているところなんですよ』って。そしたらですね、警察官もこう言われたんですよ。『約束を守らんとは良くないなあ。嘘は良くないなあ』って。

ちょうど、そこを市長が不安そうな顔で『何ですか』って近寄ろうとされたので、「来ないでください。別に問題ありません」って大声で言いました」

ミサ子さんは市長が巻き込まれないように大声を出したに違いなかった。

「あなたたちは、なぜ約束を守らない！」、「説明会を続けなさいよ」という激しい抗議は、いつしか涙声にも変わり、車の前に座り込む事態になったと聞いた。

「それが、あとになってＩＷＤのホームページに、当日、社長が暴力を受けて病院に行ったと書いてあったと聞き、びっくりしたんですよ。そんなことはありませんよ。誰も手なんかかけませんよ。社長が病院に行かれたと言うなら、それは体の怪我ではなくて、心の痛みからじゃないんですか。それなら、わかる気がする。はじめて、あの長崎のＩＷＤの事務所でお会いしたとき、『水俣をよく勉強してください。水俣病のことを学んでください』って繰り返し繰り返し言ったんですよ。その言葉を思い出されたんじゃないかと。

向こうが紳士的なら、誰も文句は言わなかったんですよ。誰もうちの人たちは悪くはありませんよ」

ミサ子さんは二十年にわたって水俣市地域婦人会の会長をし、水俣の女性をまとめあげてきた人であるが、今はもう一まわりも二まわりもどっしりと、そう、あの頭石釈迦堂の仏さまのように、水俣のすべての人々を守り続けてくれている。ミサ子さんを前に、そんな思いが込み上げてきた。

黒い塊

五月雨《さみだれ》か……言葉で噛みしめるように言いながら車を走らせる。産廃処分場の計画が出て四回目の春も過ぎ、季節は初夏。相変わらず、「産廃阻止！　水俣市民会議」に加え、産廃反対グループは県への要望活動、四月には東京行動とあわただしく日々が過ぎていた。

しかし、今日は雨。時間が雨に溶けてでもいるかのように、すっぽりと心を覆いはじめていた。『頭石釈迦堂物語』の小冊子をいただいた柏木優さんにお礼をと、温泉街に立ちよったが、ご本人はお留守だった。

もう一軒、用をすまして、また今来た道を引き返し、温泉街を抜けようとしていた。そのとき、はっと気付いて車を止めた。

「そうか、『さん賛会』だった」

その日、産廃処分場誘致グループの賛成派が新しい会を作り、木臼野、長崎地区に看板を建てることになっていた。車の向きを変え、また温泉街を通り抜ける。流合橋から温泉神社にさしかかった頃、雨はさらにひどくなってきた。山の上へと車は走り続けているのに、なぜだか急に下りの道に吸い込まれるような思いが体を覆ってきた。

この山を越え、木臼野に出ると、例の温泉センターが右側に見える。当初、産廃業者は処分場予定地から一番近い、この地域の住民に同意書をとってまわった。そのときの説明では、この処分場は中間処理場であり、近くの住民の雇用も期待できる。また、温泉センターは地域の人たちの憩いの場として提供される予定である、というものだった。しかし、できて一年ほど経つが、この温泉を利用していると聞いたことはない。

木臼野の温泉センターから、また山を登って行くと、右下が山々の深い谷間となっている場所に出てくる。この深い谷とは不釣り合いに、道沿いに赤茶けた土が新しい畑地を作っている。その台地こそ、この巨大産廃処分場計画を招いた原因とも言える場所だと聞いた。

水俣の建設業者Ａ氏は、新幹線のトンネル工事で排出された土を、ここに持ってきた。その埋め立てで儲けた金で、産廃の予定地にあたる土地を買い受けた。おそらく土地を買ったそのときから、水俣に黒い雲が覆いはじめたに違いなかった。

木臼野から長崎地区に入る頃、また雨脚が強くなってきた。

「そうか、ここが産廃持ち込みルートか」

なぜだか、今日はくっきりと、産廃業者の目論見が見えてくるような気がした。産廃業者が準備書で出している平通りから小田代《おたしろ》の道、この道を一〇トン車が一日八十台通ることになっていた。

長崎のちょうど真ん中にさしかかったとき、見慣れない看板が目に止まった。「これだー」、つい声が出てしまう。

看板は、いかにも素人の書いたものとわかるような字体で、こう書かれていた。

「人口の減少を少しでも止めたい」

「雇用の場を少しでも増やせるお手伝いをしたい」

「今後の水俣の姿を考え、望む市を作って欲しい。明るい話題を作りたい」

「何でも主張できる場を作りたい」

「町が疲弊する」、「若者が残らない」とも書いてある。しかし、だからと言って、日本中からゴミを持ってきて埋め立てる仕事が、水俣に光を当てる仕事なのだろうか。さしずめ現実的には、この広大な処分場に雇われるのは十人にも満たないだろう。しかし、この埋め立て事業をさんさんと輝く希望だと呼びかける人たちを、あざ笑うことだけではすまないのかもしれない。

その「さん賛会」の看板のある道を通り抜け、業者の搬入道路を準備書通りに行けば、市街地へと続いて行く。それは大きな農面道路へと続くのだった。

その人っこ一人通らない、だだっ広い道の前で、ただ立ち止まる。この道は、水俣の農業にどれくらい寄与しているのか。この道を使って、他の何かで金儲けをしようと仕組んだのではないのか。

水俣の自然環境を維持し、農業を振興するより、国策の新幹線を通し、山を削り、その削った廃土で儲けた金で産廃処分場の用地が購入されたとすれば、めぐり巡れば業者だけの責任ではないのかもしれない。この国の仕組みが作り上げた構図のようなものが、水俣にまた新たな災いを生み出してきたのかも知れなかった。

道の脇に車を止め、流れ落ちる雨の音を聞く。

「水俣の山がゴミ捨て場になって行く」

ゴミを満載した一〇トン車の姿が黒い塊となってこちらに向かってくる。背筋がゾッとなるような感覚が体を覆う。

それは黒い生き物のようにまとわりついて、行く手を暗くするのだった。

水量豊富な頭石川

命のある今

二〇〇八年一月十四日、水俣市文化会館では、熊本県主催で産廃処分場についての公聴会が開かれた。九十八人にも及ぶ公述者が出たため、二日間に分けて行われることになった。

「水俣の命と水を守る会」では、世話人は全員、意見を述べることを申し合わせていた。当初は公述人の人数が足りないということで、二〇〇七年の年末は、めぼしい人々をまわる日々が続いた。

ふと、子どもたちはどう思っているのだろう、と思った。夏に処分場予定地の学習で、湯出川でカジカ蛙をつかまえると言ってキャーキャー泳ぎまくっていた子どもたちを思い出した。子どもたちにこそ発言して欲しい。大人は水俣で過ごす時間は限られているけれど、彼らには自分の未来がかかっているのだから。そう考えて子どもたちにも発言を依頼することにした。

この年ばかりは、餅つきもそこそこ、申し込みの用紙を集めに行った。知り合いの家の玄関には、もう用意してあったのだろう、子どもたちのたどたどしい字が目に入る。千人は入るという水俣で一番大きな会場で、たった一人で意見を言うのは勇気がいることだろう。その字を見ながら、当日の子どもたちのことを思った。

当日、最初の公述人は、なんと千葉から来た藤原寿和さんだった。廃棄物処分場問題全国ネットワークの事務局長は、冒頭から完璧なまでの論理で県に迫って行った。その後、水俣市の全域から、子どもたちも十名近く、さらに市の職員からも多くの発言があった。そのどれもが真剣で、誠実なものに感じられた。

その九十八人のなかで、ことに鮮明に思い出す人が、「本願の会」の杉本栄子さんだった。あとどれくらいの命だろうか。ろうそくの灯がゆらめくように、そんなふうに栄子さんは公述の席についていた。おそらく並の人であれば、多くの人の前に病んだ自分の姿をさらすことはできなかっただろう。栄子さんは最後の力をふりしぼって、マイクの前に立っていた。

「処分場の話を聞いたとき、眠れませんでした。身震いしました。もう一回、みなさん、水俣病のことを思い出してください。

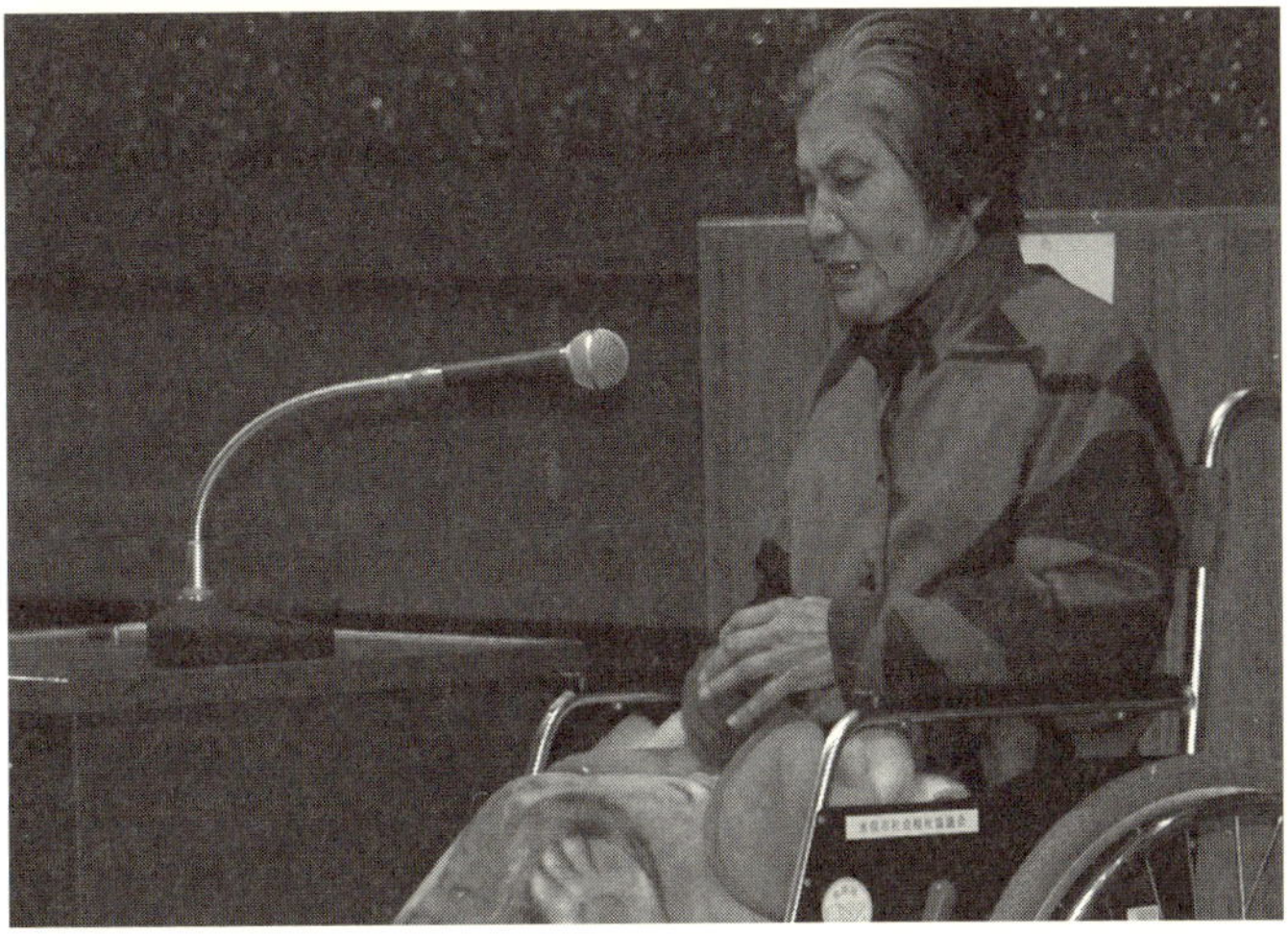
県主催の公聴会で公述する杉本栄子さん

私は水俣病の資料館で語り部をしています。処分場の話を聞いたとき、水俣病で苦労したことを思い出しました。村で一番に発表されて、その晩から、お前たちが悪いから出て行けと言われ、村中から毎日毎日、追われ通しでした。私たちは何がどうなったかわかりませんでした。逃げるところも隠れるところもありませんでした。何でって思いながらも、歯をくいしばり、ガタガタ震えながらも生活するなかで、父が言いました。『いじめる人たちは変えられないから、自分たちが変わっていこうばい』と。

語り部になって思ったことは、知らなかったことの罪です。毒は急に来ません。徐々に来ます。今は、私たちに言うた人たちが病んでいます。『俺も、やっぱ水銀の入とったっばい。水俣病ばい』。山んごと病んどるじゃなかですか。

公害というとは、五十年経っても、百年経っても終わらんとです。そのことを思うとき、これ以上、処分場ができ、きれいな水、水俣の水がめの上に処分場を作ってもらえば、私たちは本当に生きている気がしません。水俣病で親がやられ、子がやられ、孫時代はホッとする、よか町が来るばいって思うとった矢先に処分場って、何ちゅうことでしょうか。どうか、みなさん、水俣病が二度と起こらないように、みなさん、気付いてくだまっせ。

毒は急には来ません。漁民が最初にやられました。近くの人がやられ、おいしい水が飲めなくなり、最終的には海に来ます。そのようなことで県の先生方、どうぞ私たちを泣かせるようなことは許可しないでください。お願いします」

車椅子の栄子さんは、そこまで言うとマイクを置いた。

いつしか栄子さんのまわりは深緑色に変わっていた。そこは海の底、栄子さんは魚たちのなり変わりに違いなかった。毒水は欲しくないんだと魚たちの声が聞こえてくるのだった。

その日から二カ月後、桜の花を待たず、栄子さんは旅立った。この日の言葉のすべてを栄子さんの遺言と受け止めた人は、私だけではなかったと思う。それは、ただ水俣病患者としての発言から、不知火海で生きた漁師としての遺言であった。

百間埋立地の地蔵

住民主体の環境・廃棄物施策を

岐阜県可児《かに》郡御嵩《みたけ》町の柳川喜郎町長にお会いしたのは、もう数年前のことだった。議会の視察で御嵩町の役場に通され、町長をお待ちしていた。その机を見ると、来訪した一人ひとりの名前が書いた名札が立てられ、いかにも丁寧な歓迎であった。

柳川町長は水俣の元市長・吉井正澄氏と知己であり、水俣を来訪したおり、原子力発電所で事故のあった東海村の村長とともに特別に歓待されたという。

机の上には御嵩町のパンフレット。まず一枚目を開けて驚いた。そこには、町をあげて産廃問題に取り組み、木曽川下流の住民の飲み水を守ったと高らかに歌い上げてあった。こんなことは、今までどこの自治体の視察に行ってもなかった。ぼやけていた私たちの目が大きく開かれた、そんな感じがした。

町長は御嵩町の産廃問題、そして町長襲撃事件を、こんなふうに語ってくれた。

「私が暴漢に襲われたのは一九九六年十月三十日、町長に就任して一年半経った頃でした。就任前にこの産廃問題の根の深さを知っていたら、お受けしなかったかもしれない。ただ、元ＮＨＫの記者、ジャーナリストとして、知ってしまった以上、事実を明らかにするしかなく、前町長時代から進められていた産廃処理場建設を一時凍結しました。その結果、あのような事件となり、全国に知れわたることになった。私はこの産廃問題でいくつもの裁判をしたり、住民投票で「金」より「命」という住民の意思を得ることができたりしましたが、ただ、私が右翼か暴力団かわからない暴漢に襲われた事件は、まだ解決していません。

私はこの産廃というのをね、今のような裏のビジネスじゃなくて表のビジネスにしなきゃいけない、そう思ってます。産廃ビジネスを真面目にやったら、なかなか儲からないから、いい加減な処理や埋め立てを行う業者が横行する。そうした裏のビジネスを表に出す。それこそ今、企業内ゼロエミッションなどの試みもあるように、一流企業が手がけるくらいの状況にならないと駄目だと思ってます。

それとね、最終処分場が足りないから不法投棄などが多いという論理が言われてきたけど、足りないのは最終処分場じゃなくて中間処理施設だと思ってます。金や時間をかけてでもゴミの減量化、無害化を行う。私もね、水俣の二十一分別にならって、御嵩町ももっと住民の努力をお願いしたいと思ってるところなんです。

それと、廃棄物処理法を抜本的に見直して、大企業の参入もできるようにすることや、清掃法という公衆衛生法の流れを変えて、もっと物資や資源の循環という概念を正面からとらえて行くことが必要だと思うのです。

そして次に住民参加。例えば、どうしても県内にそういう施設が必要だというときは、総合的、科学的、客観的な調査を行い、候補地を選ぶべきだと思います。そして、そのプロセスを住民と共有し、情報公開するべきですね」

この話を聞きながら、私たちが今、必死で取り組んでいる産廃処分場反対運動は、決して一地域のエゴで反対するのではなく、ひょっとすると水俣の未来や、日本の未来にだって貢献することになるのかもしれないと思いはじめていた。ある日の廃棄物問題の講演会でも驚いたことであったが、ドイツにおける最終処分場の数はたった十位なのだという。日本には、その二百倍の数の最終処分場があるのだ。

柳川町長は、その後、水俣市長が交代したあとも「産廃阻止！　水俣市民会議」主催の水俣の総決起大会に来られ、「感情で反対するだけでなく、法律や科学的な勉強をして、粘り強い運動が必要」と訴えられた。

今は町長を退かれ、全国で産廃問題の講演にまわられているようだ。

頭石の村の風景

「秋になって日が短くなると、今でもあの事件のことを思い出します。気温が下がると、指先に軽いしびれのような感覚がある。犯人はまだ捕まっていないんですよ」

その言葉が蘇ってくる。あの頭石の山々の間から見えた澄んだ空は、努力なしでは守って行けないんだと改めて思う。でも、それは、市民みんなが心を合わせれば、きっと楽しい道行きに違いないのだ。

村丸ごと生活博物館

「この話がある前から、どげんかせんばいかんて話しよったっです」

語り出したのは勝目豊さん。

「頭石も、人が出て行く、農地が荒れる、行き詰った状態やったっです。だから、これを何とかしなきゃいけない。農地を管理する管理部会をひとつ、やって行こうかと。

頭石は、昭和三十年代は六十世帯、二百人位。今は三十八世帯、一二〇名を切った。三十年代位までは木材で家がバンバンできて、林業が栄えていたわけです。外材が入り出した四十年から低迷し出したということで、次男、三男は職を求め都市に出て行ってしまった。

博物館の話は、市役所の吉本哲郎さんから初めて聞いたっです。水俣の元気村づくりの話ですね。『長野県で博物館をやっている』と言われて、はじめはイメージが湧かなかった。

しかし、聞いていくなかで、頭石は地名としても面白い。棚田、水、人工林、自然がある。しかも、歴史、文化の詰まった村。それが頭石の売りにならんかなあと考えた。考えて、頭石の地域に持って帰った。常会で、また市の農林水産課から来てもらって、三、四回話すうち、とにかくやってみらんばわからん。弊害がなければいいじゃない、って。

それで取り組んで、環境協定を結んだ。でも、全世帯が押すのはなかなか。だけど、子どもの頃から遊んだ仲じゃもん。晩に訪ねて行けば、農薬とか厳しくなっとじゃなかろうかとか、いろいろ心配が出たけれど、最終的には全部印鑑を押したってですよ。今では、ここを訪れる人は年間七百名位。それだけの人が来るようになったってです」

生活博物館？　本来なら、こんな形で地域が残るということは、村の人たちの思いからすれば本意とは言えないのかも知れない。水があり、土地があり、人が生まれ、仕事があり、頭石の人たちは長い間、ここで暮らし続けてきた。でも今、その循環が衰えている。そんな切なさを抱えながら、最初はこの博物館を受け入れられたに違いない。

しかし、不思議なのだ。博物館となった村への視線は、内外から変化したように思う。博物館という名前に込められたものを考える。田んぼと川と水と岩、そして山々。

「何もなかっばい」と村の通りすがりの人が言ったように、確かに何もないと言えば何もないのかもしれない。しかし、ここになくて都会にあるものは何だろう。きらびやかな店々、ネオンの洪水、淋しくはないほどの人々の行きかい。でも、このきらびやかさに隠れた都会の誤魔化しを、多くの人々は知っているのだ。

いったい、自分は何ものだったんだろう。自分たちはどんなふうに暮らしてきたんだろう。そんなことを「ある日」考えるときがあるとするなら、頭石という生活博物館は大きな意味を持つのではないかと思えるのだった。

「頭石で作った弁当を販売したり、観光バスで人々が来るようになって、みんな元気になってきたっぱい。今年は水俣の元気村づくり五地域に、総務大臣賞ももらって……」

そう話す勝目豊さんの横顔を見ながら、ある日の勝目さんの話を思い出した。

「若かとき、水俣の祭りに行って頭石から来たと言うと、『山奥から来たんなあ』と言われたことがあったんなあ。ちょっと水俣病の患者さんの気持ちがわかるような気がしたんなあ」

そう話す勝目さんは平家の落人、藤原家十三代目にあたるという。祖にあたる人々がこの村に降り立ってから数百年。村はまた蘇りのときを迎えているのかもしれない。

この取り組みが、ひいては山の仕事の再興へと結びついて行かないものだろうか。そんなふうに胸をふくまらせてみた。

頭石釈迦堂遺跡

「なあ、みんなで小さい国を作ろい」

二〇〇八年四月二日、頭石の釈迦堂におまいりする。

その一週間ほど前のことであった。産廃処分場が計画されて、おそらく最大規模の東京行動があった。二日に上京した産廃に反対する「市民会議」は、市長はじめ市議会議員、商工会の会長、市民団体として「水の会」と「産廃阻止！　市民会議」のメンバー、さらに「本願の会」の緒方正人氏も一行に加わっていた。

飛行機が飛び立ち、顔を出したその下には、南九州の山々が青黒く浮き立って見えた。頭石で見た空の上を、私たちは今、飛び立っていた。

一行は羽田に着くと環境省へ向かい、衆参議員への要望活動。誰が組んだのか、陳情行動はこれまで経験したことのない綿密さであった。

翌三日には、㈱ＩＷＤ東亜道路工業への事業中止要請行動。さらに「本願の会」からの提案で、水俣病の初期の闘いの経験から、東亜道路の取引き銀行にも要望しようということで、横浜銀行、三井住友銀行に事業中止行動を行った。そのときの行動を後に緒方正人さんはこう記している。

「公害の原点、水俣とは、すなわち当地にこそ、生命倫理の深い原点が存在するのである。産廃業者の企業の論理と国家が地方に押し付ける産廃処理法の制度論理より、遙かにかけがえのない上位概念であると思う。だからこそ、生命倫理の原点に立脚して産廃業者や、その株主、金融機関である銀行などの企業倫理の欠如を問い質《ただ》したのである」

緒方正人さんは一九五三年に芦北町女島に生まれている。父は漁師であり、網元であった。水俣病患者の未認定運動に身を投じたが、訴訟も直接交渉も離脱、「本願の会」を発足させて、独自の運動により水俣病問題の本質を問い続けている。そして、私にとっては若い頃からの友人であった。

彼の言葉によると、「水俣病五十年におよぶ生命受難の物語るメッセージは、命を尊ぶ生命倫理の蘇りであり、この地に根を張り暮らす人々による生国《しょうごく》自治の根幹であることを、肝に銘じ、伝承して行かなければならない」。

「生国自治」という耳慣れない言葉を自分なりに解釈するとき、若き日に聞いた水俣病患者運動のリーダーだった川本輝夫さんの言葉も思い返す。

「なあ、みんなで小さな国ば作ろい」

海や魚や、山や人々が、この小さな大地で息づいている。そんな小さな国に違いないのだ。今は、亡くなった人々の遙かな思いが、この運動のなかに生れてきているのかもしれなかった。

東京行動最後の日程は、有楽町での情宣活動であった。

「いよいよ最後の行動ですね」

地下鉄のなかで、お疲れ気味のお二人に声をかける。今回、この東京行動の一行のなかで一番高齢である「水俣の命と水を守る会」の会長・坂本ミサ子さん、そして小松瑠璃子さん。瑠璃子さんは足の外反母趾が痛いのだと、一日目からつらそうであった。それでも東京のど真ん中で、人々に水俣の窮状を訴えるときには、声を枯らしてこう言われた。

「水俣には産廃はいりません。もう結構です。みなさん、水俣の私たちにお力をお貸しください」

瑠璃子さんの呼びかけは、ことのほか心に響く。前日の東京の集会でも語られたけれど、瑠璃子さんのご主人、小松聡明さんは、水俣湾へドロ処理の県の責任者であり、当時、緒方正人さんたちとはヘドロ処理を巡り対立する関係であった。

しかし今は、水俣に再び起こった災いの前で同じ土俵に立っている。それどころか小松さんは、産廃反対の市長を生み出すため、選挙長となり、水俣の一大事の舵とりをすることになった。その水俣丸の舵とりは見事に実を結んだ。そして今、瑠璃子さんは正人さんたちと街頭に立ち、声を枯らしているのだ。

まだ解決はしていない産廃問題であったが、水俣の歩む道の上に立ち、心は結ばれてきている。そんな思いがあった。

釈迦堂前にあった「心」の文字

慈悲なる地へ

あっけないと言えば、あっけない幕切れであった。産廃業者の黒い影を感じながら、二〇〇八年も初夏を迎えようとしていた。

六月二十三日、「熊本日日新聞」を開くと、「水俣に計画予定の産廃業者撤退か」という見出しが目に飛び込んできた。早速、大森の下田保冨さんに電話。「よかったですね」と言うと、「ほんなこつやろうかな」と半信半疑だった。

「ハイ、私もそげん思うたけん、熊日に電話したっですよ。ガセネタじゃなかろうねって」

「ハハハハハ」

電話口から下田さんの笑い声が聞こえてきた。

六月二十六日、ＩＷＤ東亜熊本は事業の中止を正式に決定した。水俣は人々の喜びで数日間は夏祭りが来たように華やいでいた。

業者は撤退した理由に、市内全域に反対運動が拡がり、事業の見通しが立たないことをあげた。実質的には、許可権を持つ熊本県知事の意見書が今までになく厳しいものであったことが、撤退に拍車をかける理由になった。

業者に根をあげさせるために、水俣市民はどんなにか知恵と力を振り絞ったことだろうか。計画反対を鮮明にする市長を誕生させ、三万通以上の意見書を集めた。また、この運動に呼応するように、東京の水俣病問題に支援する人たちを中心に全国に運動が拡がって行った。また、業者の環境影響評価に反論するため、あらゆる分野での調査・研究が熱心に行われた。

水俣市にとって歴史的と言える「命がけ」の反対運動は、ここに実を結ぶことになった。

どこまでも澄みきった秋空が広がっていた。業者の撤退から四カ月経ったある日、久しぶりに下田さんの家に向かっていた。

この日を前に団結小屋は閉じられ、元の平地になっていた。そこに産廃反対の記念の碑を建てるということで、その日は序幕式となった。「産廃阻止の碑」を囲むように紅白の垂れ幕がかけられ、記念の碑を囲むように三々五々、人々が集まりつつあった。

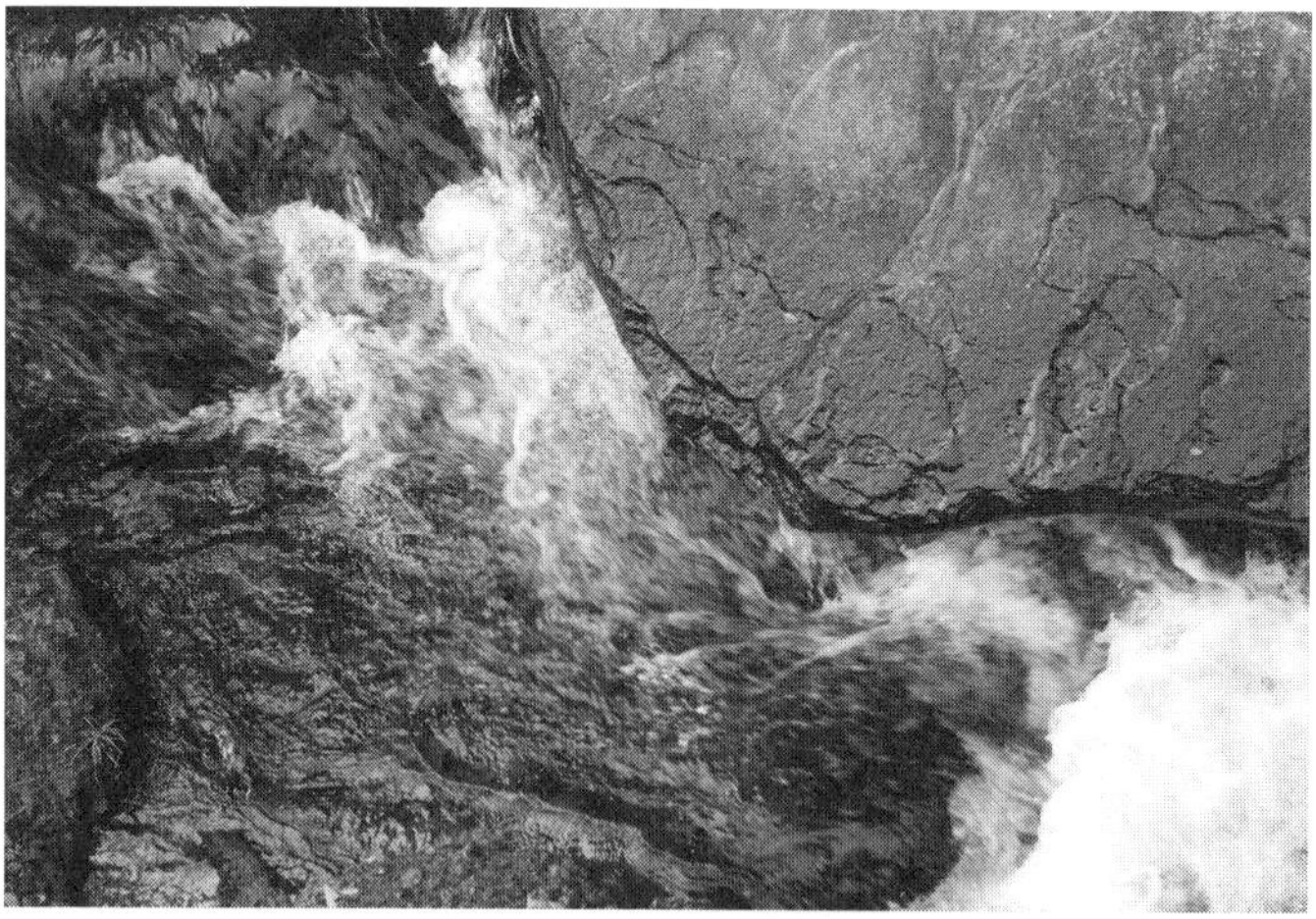

頭石川

除幕式の会場から処分場建設予定地を仰ぎ、「下田さん、よかったですね」と言うと、下田さんは大きく息を吸い、顔をほころばせた。

「あーあ、ホッとした。よかった、本当にホッとした。何もかも元のまま、この水もな。大自然も。『当たり前』と世間の人は言うだろう。そのとおり、当たり前。この世に当たり前でないものはただ一つもなか。水も空気も、陽の光も、山、川、動物に到るまでな。木の葉が落ちるのも、人が死ぬのも、生まれるのも。

でもなあ、今度は本当に有難かった。当たり前にこんなに感謝したことはなか。仏法に、こんな教えがあるでしょう。たとえ当たり前と知っていても、感謝しなければ知らないのと同じ。当たり前によって生かされ、生きていることに目覚める。そしてなあ、貧しくとも、何もかも当たり前でよかったと言えたとき、真の人間と言えるとなあ。

アハハハ、ちょっと説教くさかったかなあ」

下田さんはそう言うと、集まった人々の輪の中に入って行った。

その後ろ姿を見ながら、あの日の頭石釈迦堂の仏さまの姿を思い浮かべていた。山からどんなに人が出て行っても、海辺の方でどんな災いが降りかかってきても、何世紀もの間、この地に寄り添う人々を見続けてきた。

その眼は水俣の人々に、何にも代え難い命の根源を、慈悲なる思いを回帰させて行くに違いない。そう思えるのだった。

大森の団結小屋の跡に建てられた碑

■水俣市産廃関係年表

＊「みなまたの水と自然をまもる　水俣市民が勝ち取った産廃最終処分場建設阻止の記録」より作成

市＝水俣市、議会＝水俣市議会、県＝熊本県、
会議＝産廃阻止！水俣市民会議

2003年（平成15年）	
5月11日	㈱IWDが水俣市木臼野地区で事業説明会開催（水俣市長崎）
2004年（平成16年）	
3月1日	㈱IWD東亜熊本の環境影響評価方法書縦覧始まる（～4月1日、水俣市役所他）
7日	㈱IWD東亜熊本が会社設立説明会を開催（大森公民館）
5月13日	県環境影響評価審査会が現地視察（水俣市長崎他）
22日	㈱IWD東亜熊本が事業説明会開催（水俣市湯出）
28日	大森地区住民が「湯出地区産廃処分場反対の会」を設立（水俣市湯出）
30日	大森地区住民が人吉市の安定型処分場を視察（人吉市）
31日	「水俣の水を守る市民の会」発足日（6月27日）を決定（水俣市公民館）
6月1日	市が環境影響評価方法書に関する意見書を県に提出（熊本県庁）
12～13日	「湯出産廃処分場建設に反対する会」が決起集会開催。産廃反対の看板設置（水俣市湯出他）
27日	「水俣の命と水を守る市民の会」（以下「水の会」）が設立集会開催（水俣市公民館）

7月3日	市が㈱IWD東亜熊本に対し検討委員会設置等の申し入れ（水俣市長崎）
20日	「湯出地区最終処分場建設に反対する会」が市に陳情書、市議会に請願書を提出（水俣市役所）
30日	県が環境影響評価方法書についての知事意見書を事業者に提出（熊本県庁）
8月7日〜	「水の会」が市内各地で住民説明会開催（水俣市内）
17日	市が水俣市最終処分場検討委員会開催（第1回、委嘱状交付・水俣市役所）
24日	「水の会」が県担当職員と意見交換（水俣保健所）
9月8日	市長が市議会一般質問で㈱IWD東亜熊本の回答内容を答弁（水俣市役所）
13日	市長が市議会で処分場予定地の買い上げの意向を示す（水俣市役所）
16日	市議会が産廃処分場用地買収案の対応見送り（水俣市役所）
30日	市議会が「最終処分場建設の反対を求める意見書」を県知事に提出（熊本県庁）
10月7日	水俣病3団体が産廃処分場建設反対の声明文を県や市に郵送
13日	市が水俣市最終処分場検討委員会開催（第2回・水俣市役所）
11月13日	「水の会」が総決起集会開催（水俣市文化会館）
12月21日	「水の会」が県知事へ署名簿を提出し陳情（熊本県庁）
22日	市議会に廃棄物最終処分場問題特別委員会を設置（第1回・水俣市役所）
25日	湯出地区住民が産廃建設予定地買収の陳情書を市に提出（水俣市役所）
2005年（平成17年）	
2月7日	市議会廃棄物最終処分場問題特別委員会開催（第2回・水俣市役所）
8日	市が水俣市最終処分場検討委員会開催（第3回・水俣市役所）

3月3日	市議会廃棄物最終処分場問題特別委員会開催（第3回・水俣市役所）
16日	水の会が市長に質問状を提出（水俣市役所）
19日	市長が産廃予定地買い上げ額を市議会に提示（水俣市役所）
21日	「湯出地区の自然環境を育て発展を考える会」が結成大会開催（水俣市湯出）
4月13日	市長が「水の会」の質問に文書で回答
19日	市議会廃棄物最終処分場問題特別委員会開催（第4回・水俣市役所）
20日	水俣市最終処分場検討委員会開催（第4回・水俣市役所）
27日	「ほっとはうす」など3団体が市長に対し、産廃処分場見直しの要望（水俣市役所）
5月1日	「水の会」が市民集会開催（水俣市公民館）
10日	市議会廃棄物最終処分場問題特別委員会開催（第5回・水俣市役所）
19日	「本願の会」など3団体が県に建設反対の要望書提出（熊本県庁）
6月14日	㈱ＩＷＤ東亜熊本が安定型処分場計画を断念
27日	「水の会」が市長に公開討論会開催の申し入れ書を提出（水俣市役所）
7月4日	市長が「市長と語る地域懇談会」で市民と意見交換（南部もやい直しセンター）
12日	市議会廃棄物最終処分場問題特別委員会開催（第6回・水俣市役所）
27〜28日	市議会が最終処分場建設反対に関する要望活動（要望先＝環境省、県選出国会議員、東亜道路工業㈱、東京都）
30日	「水の会」設立1周年市民集会開催、デモ行進（水俣市公民館他）
8月11日	「水俣を憂える会」が県に陳情書を提出（熊本県庁）
11日	市議会廃棄物最終処分場問題特別委員会開催（第7回・水俣市役所）

31日	市議会が最終処分場建設反対に関する要望書を県知事・県議会議長に提出（熊本県庁）
10月11日	「水の会」が市に公開討論会開催を再度要望（水俣市役所）
19日	「水俣を憂える会」他3団体が市に抗議文を提出（水俣市役所）
20日	石牟礼道子さん他3人が産廃処分場建設反対の緊急声明を海外新聞・通信社に送付
11月2日	「水の会」が市内各地で説明会開催（～12月10日・水俣市内）
5日	「水俣に産廃処分場？とんでもない!!東京の集い」開催（東京都文京区）
9日	㈱IWD東亜熊本が事業説明会開催、異議相次ぎ紛糾（水俣市文化会館）
14日	「水の会」が市に抗議文提出（水俣市役所）
27日	「水俣に産廃はいらない！市民連合」が結成集会開催（水俣市公民館）
12月14日	市議会が最終処分場建設に反対する決議を議決（水俣市役所）
18日	「産廃反対16区の会」を結成（水俣市長崎公民館）
2006年（平成18年）	
1月25日	「水の会」他3団体、環境大臣に計画撤回の要望書提出
2月5日	水俣市長選挙で産廃反対を訴えた宮本勝彬候補が当選
22日	宮本市長就任・初登庁
26日	「水俣に産廃はいらない！市民連合」が解散集会（水俣市公民館）
3月1日	市が産業廃棄物最終処分場庁内対策委員会設置（第1回・水俣市役所）
28日	「水俣に産廃はいらない！みんなの会」（以下「みんなの会」）設立
28日	市長が㈱IWD東京支社で建設中止を要請（東京都港区）
4月1日	市に産業廃棄物対策室を設置（水俣市役所）

14日	市が産業廃棄物最終処分場庁内対策委員会開催（第2回・水俣市役所）
5月10日	「水の会」が県に要望活動（熊本県庁）
15日	市が産業廃棄物最終処分場庁内対策委員会開催（第3回・水俣市役所）
18日	市議会議長が全国産廃問題市町村連絡会で総会基調講演（福井県池田市）
6月5日	「産廃阻止！水俣市民会議」（以下「市民会議」）設立総会開催（加入団体52団体。会長＝水俣市長。水俣市役所）
11日	市が産廃処分場計画地現地見学会開催（以後、月に2回開催。水俣市湯出他）
19日	市が産業廃棄物最終処分場庁内対策委員会開催（第4回・水俣市役所）
20日	市民会議理事会開催（水俣市役所）
21日	市議会が産廃対策費を可決（水俣市役所）
25日	市民会議が市民総決起大会開催（1300人。水俣市文化会館）
26日	市民会議が県知事、県議会議長に要望書提出（熊本県庁）
27日	市民会議が東京行動（要望陳情先＝㈱IWD東京支社、東亜道路工業㈱、環境省、県選出国会議員。東京都）
7月10日	市の水俣市最終処分場検討委員会が再スタート（委嘱状交付。水俣市役所）
19日	市が㈱IWD東亜熊本へボーリングコアなどの資料提供依頼
24日	市民会議が理事会開催（水俣市役所）
8月1日	市の産業廃棄物最終処分場庁内対策委員会開催（第5回・水俣市役所）
2日	在京団体が環境大臣に署名を提出（東京都千代田区）
4日	小池百合子環境大臣が記者会見で水俣の産廃問題について懸念を表明（東京都千代田区）

10日	市が産業廃棄物最終処分場庁内対策委員会開催（第6回・水俣市役所）
29日	「水の会」が県に要望書提出（熊本県庁）
9月11日	市民会議が理事会開催（水俣市役所）
13日	市長が産廃処分場建設阻止のため、建設予定地内の国有地取得の意向示す
25日	市が産業廃棄物最終処分場庁内対策委員会開催（第7回・水俣市役所）
26〜27日	市民会議の22人が東京行動（要望・陳情先＝東亜道路、環境省、農水省。東京都）
10月5〜6日	市が産業廃棄物最終処分場に関する職員研修を開催（236人受講。水俣市役所）
11月8日	市が津奈木町に処分場建設反対の協力依頼（津奈木町）
14日	市が天草市に処分場建設反対の協力依頼（天草市）
29日	市が水質分析のための採水（1回目・水俣市湯出他）
12月17日	「産廃反対16区の会」が住民集会開催（水俣市長崎）
22日	市が水質分析のための採水（2回目・水俣市湯出他）
25日	市が産業廃棄物最終処分場庁内対策委員会開催（第8回・水俣市役所）
2007年（平成19年）	
1月26日	「水の会」が事業者、知事及び市長に準備書縦覧について要望
2月2日	県が準備書の送付部数通知（40部／要約書10部）
5日	㈱IWD東亜熊本が県と市に環境影響評価準備書を提出
6日	市が産業廃棄物最終処分場庁内対策委員会開催（第9回・水俣市役所）
15日	市民会議が「ストップ！産廃ニュース」No.1を発行。意見書様式（4種）を全世帯に配布
18日	市民会議が産廃問題市民集会（1100人。水俣市文化会館）

料金受取人払郵便

福岡支店
承認

611

差出有効期間
2012年12月31
日まで
（切手不要）

郵便はがき

810-8790

171

福岡市中央区
長浜３丁目１番16号

海鳥社営業部 行

通信欄

＊小社では自費出版を承っております。ご一報下さい。

通信用カード

このカードを，小社への通信または小社刊行書のご注文にご利用下さい。今後，新刊などのご案内をさせていただきます。ご記入いただいた個人情報は，ご注文をいただいた書籍の発送，お支払い確認などのご連絡及び小社の新刊案内をお送りするために利用し，その目的以外での利用はいたしません。

新刊案内を【希望する　希望しない】

〒　　　　　　　　☎　（　　　）

ご住所

フリガナ
ご氏名

（　　　　歳）

お買い上げの書店名

水俣みずの樹

関心をお持ちの分野

歴史，民俗，文学，教育，思想，旅行，自然，その他（　　　　）

ご意見，ご感想

購入申込欄

小社出版物は，本状にて直接小社宛にご注文下さるか（郵便振替用紙同封の上直送いたします。送料無料），トーハン，日販，大阪屋，地方･小出版流通センターの取扱書ということで最寄りの書店にご注文下さい。

なお，小社ホームページでもご注文できます。http://www.kaichosha-f.co.jp

書名		冊
書名		冊

21日〜	㈱ＩＷＤ東亜熊本の環境影響評価準備書縦覧開始（〜3月22日。水俣市役所他）
22日〜	市が意見書提出に関する地域説明会開催（全25箇所。〜3月8日。水俣市内）
31日	「みんなの会」が平通りで10トンダンプ走行テストを実施（水俣市平町）
3月2日	市が産業廃棄物最終処分場庁内対策委員会開催（第10回・水俣市役所）
5日	県議会が国有地の市売却の意見書を可決（熊本県庁）
9日	市民会議が㈱ＩＷＤ東亜熊本に対し事業者説明会に関する申し入れ
11日	㈱ＩＷＤ東亜熊本が環境影響評価準備書説明会開催（１１００人。市文化会館）
13日	㈱ＩＷＤ東亜熊本がボーリングコア開示（市の検討委員など4人が観察。水俣市長崎）
19日	市民会議が国有地の優先払い下げを松岡農林水産大臣に要望（東京都千代田区）
20日	㈱ＩＷＤ東亜熊本が準備書の縦覧期間延長を決定（〜5月22日。水俣市役所他）
22日	市民会議が国有地の優先払い下げを県議会に請願（熊本県庁）
4月9日	㈱ＩＷＤ東亜熊本と現地住民が湧水箇所現地立会い（水俣市湯出他）
14日	市民会議がごみ減量市民フォーラムへの産廃関係の資料を展示（水俣市公民館）
17日	市が産業廃棄物最終処分場庁内対策委員会開催（水俣市役所）
20日	市が事業者説明会に向けた対策会議開催（水俣市役所）
20日	市民会議が事業者説明会に向けた対策会議開催（水俣市役所）
25日	市が水俣市廃棄物最終処分場検討委員会開催（水俣市役所）
26日	県が湧水箇所などの現地調査（下見）を実施（水俣市湯出他）
28日	市民会議が事業者説明会に向けた対策会議開催（水俣市役所）

5月1日	市民会議が「ストップ！産廃ニュース」№2を発行
2日	市民会議が理事会開催（平成19年度第1回・水俣市役所）
10日	市民会議が事業者説明会に向けた対策会議開催（水俣市役所）
13日	㈱ＩＷＤ東亜熊本が環境影響評価準備書に係る2回目の事業者説明会開催（800人。水俣市文化会館）
16日	市民会議が㈱ＩＷＤ東亜熊本の説明会に関する県知事への要望書提出（熊本県庁）
17～18日	市が全国産廃問題市町村連絡会総会及び同現地視察（水俣市役所他）
18日	「みんなの会」が平通りでの10トンダンプ走行テストの結果報告会を開催する（水俣市平町）
20日	「みんなの会」が総会及び記念講演会開催（水俣市公民館）
24日	県環境影響評価審査会委員が現地視察（水俣市長崎他）
29日	県環境影響評価審査会委員が現地視察、ボーリングコア観察（水俣市長崎他）
31日	市民会議が総会開催（水俣市総合体育館）
6月1日	市民会議が「ストップ！産廃ニュース」№3を発行
5日	市民会議が㈱ＩＷＤ東亜熊本の最終処分場事業環境影響評価準備書に対する意見書の提出（㈱ＩＷＤ東亜熊本）
18～22日	市民会議が平通りなどの交通量調査実施（水俣市平町他）
26日	市民会議が理事会開催（第2回・水俣市役所）
7月6日	市民会議が県に対し意見書写しの提出、要望書の提出（熊本県庁）
9～19日	市民会議が地区説明会の開催（水俣市内23箇所）

10日	県環境影響評価審査会開催（熊本市、KKRホテル）
23〜25日	市が鳥類（猛禽類）調査
25日	市民会議が「産廃処分場に関する市民集会」開催（水俣市もやい館）
30日	市が水俣市最終処分場検討委員会開催（第3回・水俣市役所）
8月20〜23日	市が鳥類（猛禽類）調査
24日	市が県環境政策課と協議（熊本県庁）
9月8日	市民会議が産廃処分場シンポジウム「水俣産廃処分場計画は何が問題か」開催（日本科学者会議主催、市民会議共催。水俣市公民館）
17日	「水の会」総会及び記念講演会開催（水俣市もやい館）
18〜20日	市が鳥類（猛禽類）調査
20日	市議会が「産業廃棄物最終処分場建設阻止に関する決議」を採択（2度目・水俣市役所）
10月10日	市民会議が福岡県筑紫野市の産廃処分場を視察（福岡県筑紫野市）
15日	市民会議が「ストップ！産廃ニュース」No.4を発行
15〜17日	市が鳥類（猛禽類）調査
11月1日	市が鹿谷川の流水量調査実施（水俣市湯出他）
8日	市が全国産廃問題市町村連絡会研修会に参加（東京都）
12〜14日	市が鳥類（猛禽類）調査
18日	市民会議が「局地気象と産廃の話」講演会開催（湯の鶴温泉センター）
21日	㈱IWD東亜熊本が県及び市に対し、意見の概要及び事業者の見解書を提出
26日	市民会議が理事会開催（第3回・水俣市役所）

12月7日	市が水俣市産業廃棄物最終処分場検討委員会開催（第4回・水俣市役所）
10～12日	市が鳥類（猛禽類）調査
27日	市が環境影響評価準備書に関する市長意見を県に提出（熊本県庁）
27日	市民会議が県に要望書を提出（熊本県庁）
2008年（平成20年）	
1月14日	県環境影響評価条例に基づく公聴会開催（水俣市文化会館）
18日	県環境影響評価条例に基づく公聴会開催（水俣市文化会館）
23～25日	市が鳥類（猛禽類）調査
24日	県環境影響評価審査会開催（熊本県庁）
25日	市がクマタカ学習会開催（水俣市役所）
28日	平通り地区住民などが「産廃反対・5区平通りの会」を結成（水俣市平町）
31日	市民会議が理事会開催（第4回・水俣市役所）
2月7日	市民会議が㈱ＩＷＤ東亜熊本に対し、事業計画中止の要請書を提出（水俣市長崎）
15日	市民会議が「ストップ！産廃ニュース」№5を発行
18～20日	市が鳥類（猛禽類）調査
19日	県環境影響評価審査会開催（熊本テルサ）
20日	市が廃棄物最終処分場問題特別委員会開催（水俣市役所）
28日	市民会議が県に対して事業中止勧告等の要望活動（熊本県庁）
3月6日	市民会議が㈱ＩＷＤ東亜熊本に事業計画中止の申し入れ（長崎木臼野温泉センター）
11日	市民会議理事会開催（第5回・水俣市役所）

14日	市が「鹿谷川及びその周辺の生物調査研修会」（水俣市役所）及び現地調査（水俣市湯出）を開催
14日	市民会議が「ストップ！産廃ニュース」№6を発行
17～19日	市が鳥類（猛禽類）調査
19日	県が㈱IWD東亜熊本に対し知事意見書を提出（熊本県庁）
25日	「水俣・水源の森トラストの会」を設立
30日	市民会議が市民集会開催（水俣市文化会館）
30日	市民会議が㈱IWD東亜熊本に対し産廃処分場建設中止要請行動（水俣市長崎）
4月2日	市民会議が環境省、衆・参議院議員への要望活動（東京都千代田区）
3日	市民会議が㈱IWD、東亜道路工業㈱への事業中止要請行動（神奈川県海老名市）、横浜銀行・三井住友銀行に事業中止要望行動（横浜市他）、東京でのチラシ配布
7日	市がクマタカ学習会開催（水俣市湯出）
7～9日	市が鳥類（猛禽類）調査
5月8日	市民会議が理事会開催（平成20年度第1回・水俣市役所）
10日	「さん賛会」が産廃計画賛成を訴える看板を設置（水俣市長崎他）
12～14日	市が鳥類（猛禽類）調査
15日	市民会議が「ストップ！産廃ニュース」№7を発行
22～23日	市が全国産廃問題市町村連絡会総会開催及び同現地視察（栃木県那須塩原市）
31日～	第3回処分場問題全国交流集会（～6月1日。香川県豊島）
6月3日	市民会議が総会開催（水俣市総合体育館）
5～7日	市が鳥類（猛禽類）調査

7日	「水の会」総会開催（水俣市総合体育館）
23日	東亜道路工業㈱が事業の中止を公表
26日	㈱ＩＷＤ東亜熊本が事業の中止を決定
7月1日	市民会議が「ストップ！産廃ニュース」№8を発行
7日	市民会議が理事会開催（第2回・水俣市役所）
7〜9日	市が鳥類（猛禽類）調査
9日	市が産業廃棄物最終処分場庁内対策委員会開催（水俣市役所）
22〜28日	市がクマタカ写真展開催（水俣市もやい館）
24日	市民会議が臨時総会開催（水俣市総合体育館）
24日	市民会議が市民報告集会開催（水俣市文化会館）
30日	市民会議が県環境保全課との協議（熊本県庁）
31日	市民会議が「水俣市処分場計画中止！報告と乾杯の集い」開催（東京都文京区）
8月1日	市が東亜道路工業㈱との協議
11〜13日	市が鳥類（猛禽類）調査
9月8〜10日	市が鳥類（猛禽類）調査
10月6〜8日	市が鳥類（猛禽類）調査
11月1日	「水の会」が産廃阻止記念碑の除幕式開催
4〜6日	市が鳥類（猛禽類）調査
18日	東亜道路工業㈱の役員が土地売買の計画を市に報告（水俣市役所）
28日	市民会議が理事会を開催（第3回・水俣市役所）

あとがき

二〇一〇年九月、雨が降った次の日、石飛に棲む大嶽さんから電話が入った。

「大森の下田さんの田んぼだけど、昨日、稲刈りして干したのが、倒れたのよ。直すの手伝ってくれるかなあ」

「何時に行けばいい？……四時ね。わかった」

そう言って電話を切った後、急に様々な、田んぼでのトラブルが蘇った。

若い頃、仲間で石牟礼道子さんの家の田んぼを作っていたことがあったけれど、稲刈りの後のやはり、雨降りで、もう、薄暗くなった頃、石牟礼のばあちゃんから電話が入った。

「男衆は、おらんかなあ」

「男ん人たちは、いま、出ておらんとです」と言うと、ばあちゃんは、困惑したように
「あんたたちの稲の干し方の良なかったじゃろうなあ、倒れてしもとるがなあ」と言った。

しばらくして、「男衆」と一緒に田んぼに行くと、ばあちゃんは、雨のなか私たちを迎え、作業が終わるまで、一緒に雨に濡れながら、みていてくれた。

「あーあ良かった。雨に当たれば、まだ重なるけんなあ。おなご衆も濡れたなあ」とねぎらってくれた。

大嶽さんの声が、石牟礼のばあちゃんの声に重なった。もともと、大嶽さんと、産廃反対運動の牽引グループであった「水俣に産廃はいらないみんなの会」が、大森の下田保富さんの田んぼを作り始めたのは、二つの理由があった。産廃問題が起こった頃は、何とか、たんぼを作っていた下田さんだったが、高齢のため、田んぼつくりを止めたということ。更に、大嶽さんたちは、大森の下田さんの田んぼに流れこむはずの「水」のことを意識していた。それは、もし、産廃場の計画が進み、産廃場ができた場合、この大森の下田さんの田んぼに汚水が流れこむ可能性があったからだ。

「大森の下田さんの田んぼをみんなで作り続ける」そのことで、業者に対しここを守るのだというメッセージを送ろう。そんな思いが、田んぼ作りの始まりであったと記憶している。

全国の産廃反対運動のなかには、例えば、山の木々の一本、一本を所有するという、トラスト運動で反対するということをやっているところが多くあるが、下田さんの田んぼつ

大森の下田保冨さんの田んぼ

くりは、労働力のいる手の抜けない作業であった。

主力となったのは、下田さんと懇意だった大嶽さんと堀さんという女性二人。二人とも他県から引っ越してきて、この運動に巻き込まれた人たちだった。二人とも田んぼつくりは、まったくの素人であった。私は、呼びかけられると加勢に行くという程度の手伝いをしていた。

話のあったその日、行ってみると干してあった竿が折れ、稲わらは、田んぼに倒れていた。とおりがかりの誰かが、「下田さん家の稲、倒れとったばい」と告げてくれたに違いなかった。

下田さんの田んぼは、誰もが、気にかける大切な田んぼになった。産廃業者が撤退し、まがりなりにも大森の水が守られることになった今でもその思いは変らないのだと思った。ことしもみんなの会、そして、「水の会」のメンバーが混ざって、田植えに、稲刈りにと力をあわせた。

思い返せば、二〇〇三年、水俣に巨大産廃場ができるという計画を聞いたあの衝撃から、早くも、七年の月日が経っていた。

この闘いが残したものは、多くあったが、私は、何よりも、この大森という土地に立ち、まわりの山々を見るたびに「この地が、そのままでよかった」と心から思う。そして、下田さんの田んぼで働く人たちとの出会いにも感謝する。

わたしだけではない。水俣市民の多くが、この問題から、大きな出会いをしたに違いない。山に棲む人々との出会い。まだ、出会っていなかった海辺の人々との出会い、そして「水俣病」との再びの出会い。何より水俣に息づく大地との出会い。それは、悲しくて切ない出会いでもあるけれど、かけがえのない出会いであったと思い返す。

ひとりで、この地に立っているわけではないのだ。この大地から吹いてくる風に乗ってこの地に寄り添い、この地を蘇らす大きな「水の樹」の夢をみる。この樹から湧きでる「水」は、今なお、水銀が眠り続ける水俣湾にも行き着き、いつか、水俣の海辺を蘇らすに違いない。そんな風に思えるのだ。

原稿を読んで頂けますか？　おそるおそる海鳥社の西さんに、形になっていない原稿をお送りしてから、丸一年が経ちました。様々な、大切な仕事を抱えておられたのに、水俣の人々の思いに耳を傾けていただいたことに心から感謝いたします。また、出版にあたっては、宮崎の写真家、芥川仁さんにも、いろいろなアドバイスをいただきました。それから、私にこの本を書くための自由な時間をくれた「ガイアみなまた」の仲間のみなさんにも心から感謝します。

そして、何より、お話しを聞かせていただいたみなさんに、心からの感謝いたします。この本が、全国で、同じように産廃問題に苦しみ続けている人たちとの、交流の一助になれば、そして、水俣に二度と同じような悲劇が起こることがないようにと心から願っています。

藤本寿子

平成二十三年一月十四日

藤本寿子（ふじもと・としこ）　1953年、鹿児島県出水市に生まれる。1958年、滋賀県守山市へ父などと共に移転、チッソの工場近くに住む。1975年、花園大学文学部国文科卒業、滋賀女子高等学校に国語教師として勤務。1977年、水俣病センター相思社にて活動をする。1990年、「ガイアみなまた」のメンバーとなり、現在に至る。書著に『水俣海の樹』（海鳥社）がある。

水俣みずの樹

■

2011年2月20日発行

■

著　者　藤本寿子

発行者　西　俊明

発行所　有限会社海鳥社

〒810-0072　福岡市中央区長浜3丁目1番16号

電話092（771）0132　FAX092（771）2546

http://www.kaichosha-f.co.jp

印刷・製本　九州コンピュータ印刷

［定価は表紙カバーに表示］

ISBN978-4-87415-808-1